操作行为和操作纪律
——改进工业过程安全

Conduct of Operations and Operational Discipline: For Improving Process Safety in Industry

〔美〕Center for Chemical Process Safety　编著

王廷春　于菲菲　高雪琦　译

牟善军　审

中国石化出版社

内　容　提　要

本书介绍了操作行为(COO)和操作纪律(OD)的基本概念，阐述了实施操作行为/操作纪律体系的作用和益处以及操作行为/操作纪律体系的关键特性，还为企业如何有效制定和实施操作行为/操作纪律体系提供了具体指导。

本书可为读者提升过程工业及相关行业的过程安全管理提供有力工具，适用于企业中的所有人员，上至高层管理者下至一线工人。

著作权合同登记　图字：01-2016-1406 号

Conduct of Operations and Operational Discipline：For Improving Process Safety in Industry
By Center for Chemical Process Safety(CCPS)，ISBN：9780470767719
Copyright ⓒ 2011 by American Institute of Chemical Engineers，Inc.
All Rights Reserved.This translation published under license，Authorized translation from the English language edition，Published by John Wiley & Sons.No part of this book may be reproduced in any form without the written permission of the original copyrights holder.

本书中文简体中文字版专有翻译出版权由 John Wiley & Sons，Inc.公司授予中国石化出版社。未经许可，不得以任何手段和形式复制或抄袭本书内容。

图书在版编目(CIP)数据

操作行为和操作纪律：改进工业过程安全/美国化工过程安全中心编著；王廷春，于菲菲，高雪琦译.
—北京：中国石化出版社，2017.3(2021.1重印)
书名原文：Conduct of Operations and Operational Discipline：For Improving Process Safety in Industry
ISBN 978-7-5114-4304-5

Ⅰ.①操… Ⅱ.①美… ②王… ③于… ④高…
Ⅲ.①化工单元操作-安全管理 Ⅳ.①TQ02

中国版本图书馆 CIP 数据核字(2017)第 040933 号

中国石化出版社出版发行

地址：北京市东城区安定门外大街 58 号
邮编：100011　电话：(010)57512500
发行部电话：(010)57512575
http://www.sinopec-press.com
E-mail：press@ sinopec.com
北京科信印刷有限公司印刷
*
700×1000 毫米 16 开本 13 印张 239 千字
2017 年 5 月第 1 版　2021 年 1 月第 2 次印刷
定价：75.00 元

译者的话

装置大型化、操作自动化的不断提高以及输油气管线越来越长、化学品储存量或运输量持续增大，给国内外能源化工企业带来严峻挑战。随之而来发生的多起重特大过程安全事故，标志着当前事故特点与以往相比发生了重大改变，安全管理已经进入了新的阶段。各国相继出台的有关过程安全管理的法律法规及系统的分析方法和技术，在一定程度上保障了装置全生命周期的安全运行。然而能源化工企业的安全管理并未如期待的那样产生明显改善，重特大过程安全事故多发势头仍在延续，同类性质的事故重复发生，同一企业事故一再发生。

在过程安全管理领域中，往往存在这样的疑问，为何事故会重复发生？为何违章会普遍存在？为何我们对重大事故的反思总是不够？操作行为(COO)，作为2007年美国化学工程师协会化工过程安全中心(CCPS)发布的《基于风险的过程安全指南》(RBPS)中的要素之一，将从容有序地开展操作和管理任务与企业文化相关联，追求准确执行各项任务的制度化，通过减少执行过程中产生的偏差，引导各级员工保持准确判断力、秉持必要的自豪感来履行职责。操作行为和操作纪律(OD)的提出，为进一步确保工作任务安全、可靠、始终如一地执行提供了有效的系统方法，是过程安全管理在管理风险原则中的重要组成部分。

为将操作行为与操作纪律的理念更快介绍给国内各企业从事安全管理及基层工作的人员，中国石化安全工程研究院组织从事安全管理相关专业的技术人员，对本书进行了翻译。其中王廷春、张晓华、陈亮负责第1章至第3章的翻译工作，于菲菲、高雪琦、董平军负责第4

章至第 7 章的翻译工作，于菲菲、高雪琦对全书进行了校对和统稿，王廷春对全书进行了校核，牟善军对全书进行了最后的审阅。

《Conduct of Operations and Operational Discipline：For Improving Process Safety in Industry》一书是 CCPS 编制的化工领域优秀著作之一。该书介绍了操作行为和操作纪律的基本概念、关键特性以及体系建设与实施，长于基本原则讲授与实际应用。然而操作行为和操作纪律并非一蹴而就，其成功需要企业领导团队持久的承诺和安全工作者不懈的努力。译者在此热忱向国内广大读者推荐此书，以期增强从企业各层次自上而下对操作行为和操作纪律的严谨和有序实施，为行业安全水平的提升做出力所能及的贡献。

本书中文版的发行，得到了中国石化出版社、CCPS、John Wiley & Sons、化学品安全控制国家重点实验室及行业内许多专家的支持与指导，在此一并表示衷心感谢。

由于学识水平有限，时间仓促，译著中错误与不当之处在所难免，恳请读者批评指正。

译者
2016 年 11 月
中国石化青岛安全工程研究院

目　　录

表格清单

插图清单

本书附带的网上资料

章节	本书附带的网上相关资料
第 1 章	• 第 1 章插图，Microsoft® PowerPoint®演示稿 • 基于风险的过程安全(RBPS)要素的操作行为/操作纪律体系输入和输出(包括表 1.7 未列出的其他 RBPS 要素)
第 2 章	无
第 3 章	无
第 4 章	• 其他可能引发失误情境的示例(包括其他类似于本书表 4.3 所列情况的示例) • 三维后果图(本书第 4.8 节补充材料)
第 5 章	无
第 6 章	无
第 7 章	• 附加指标(本书第 7.4.1 节所列指标的补充) • 操作行为调查(由康科德有限公司提供)

若要访问在线资料，请登录以下网站查询 www.aiche.org/ccps/publications/COOD.aspx。

输入密码：COOD2010

常用缩略语

ABC	前因–行为–后果
ACC	美国化学理事会
AIChE	美国化学工程师协会
API	美国石油学会
ATM	自动柜员机
BB	基于行为的
CCPS	化工过程安全中心
ClO_2	二氧化氯
CO	指挥官
COO	操作行为
CRM	团队资源管理
CSB	美国化学品安全和危害调查局
DOE	美国能源部
Dow	陶氏化学公司
DSEAR	危险物质和爆炸性环境规定
DuPont	杜邦公司
EH&S	环境、健康和安全
EPA	美国环境保护署
FDA	美国食品和药物管理局
GM	通用汽车公司
HF	氢氟酸
HPCL	印度斯坦石油有限公司
HPT	人员表现技术
INPO	核电运行研究所

ISO	国际标准化组织
ITPM	检查、检验和预防性维修
JSA	作业安全分析
MOC	变更管理
N-D-C	负面、延迟、确定
N-D-U	负面、延迟、不确定
N-I-C	负面、即时、确定
N-I-U	负面、即时、不确定
NASA	美国国家航空航天局
NRC	美国核管理委员会
NUMMI	新联合汽车制造公司
Occidental	西方石油公司(加勒多尼亚)有限公司
OD	操作纪律
OOD	驾驶员
OSHA	美国职业安全健康管理局
P-D-C	正面、延迟、确定
P-D-U	正面、延迟、不确定
P-I-C	正面、即时、确定
P-I-U	正面、即时、不确定
PD	潜望深度
PDCA	计划-执行-检查-改进
PHA	过程危害分析
PPE	个体防护设备
PSM	过程安全管理
PSV	压力安全阀
R&D	研究和开发
RBPS	基于风险的过程安全
RMP	风险管理计划

RP	推荐做法
SMART	具体的、可测量的、可实现的、相关的、有时间限制的
SRK	技能、规则、知识
STAR	停–想–做–查
SWP	安全操作规范
Toyota	丰田汽车公司
U. K.	英国
VCM	氯乙烯单体

词　汇　表

前因–行为–后果(ABC)分析：一种人员表现分析工具，用于检验人的行为如何受到以前类似情况经验和奖励或惩罚预期影响的。

平衡记分卡：一个管理系统，为内部经营过程和外部结果提供反馈信息从而持续改进策略性绩效和结果。

基于行为的安全计划：旨在定期向员工反馈其在工作场所的安全行为信息的计划。

操作行为(COO)：企业在建立、实施和保持管理体系的过程中体现出其价值观和原则，以实现以下目的：(1)根据企业风险容忍度组织分配操作任务，(2)确保谨慎和正确地完成每项任务，和(3)最大限度地减少行为的差别。

- 操作行为是强调操作行为/操作纪律的管理体系。
- 操作行为建立了旨在影响个人行为和提高过程安全的组织方法和体系。
- 操作行为活动的结果明确了如何实施各项任务(操作、维护、设计等)。
- 一个良好的操作行为体系以看得见的方式证明企业对过程安全的承诺。

后果：在叙述人员表现时，是指一个行为的直接和间接结果。

偏差：数据变化、过程变量或人员行为超出规定设计范围、安全运行限定值或标准操作程序。

纪律：在叙述操作纪律时，纪律是指：(1)一个标准化或规定的行为举止或模式，和(2)一个支配行为或活动的规则或规则体系。在操作纪律中，措辞"纪律"，并非惩罚的意思。

可能引发失误的情境：工作情景中存在的与操作人员能力、局限性或需求不相符的行为形成因素。这种情景可能妨碍操作工正确执行任务。

防错：利用过程或设计特点预防不合规行为或不合格产品的发生、进一步处理或接受。防错也被称作"防误"。

固定设施：是指通常情况下不能移动的一部分或一整套装置、单元、现场、联合装置或其任何组合。反之，则为移动设施，如：各类船舶(即：运输船舶、浮动平台储存和卸货船舶、钻井平台)、卡车和火车，被设计成可移动的。

一线人员：执行工作组输出生产的工作人员。一线人员包括运行和维护人员、工程师、化学分析人员、会计人员、航运人员等。

人为失误：

1. 任何超出体系规定的可接受的人员行为范围(如：超出可容忍范围的行为)的行为(或者缺少该行为)，包括设计人员、操作工或管理人员的可能引发或导致事故的行为。

2. 人员造成的错误，如：由设计人员、工程师、操作工、维护人员或管理人员造成的可能引发或导致事故的错误。

人为因素：

1. 与设备设计、操作和工作环境有关的各专业学科，确保满足人员能力、限制和需求。包括与操作工-机器系统中人为因素有关的任何技术工作(工程设计、程序编写、工人培训、工人选择等)。

2. 选择可较好承受人为操作错误的材料或设备；确保工艺或设备更容易理解、更容易正常运行、或者更不容易出错；体现人体工程学的优势。

人员表现技术：一种利用各种方法和程序提高生产率和能力的系统性方法，以实现人员表现改进。

事件：可能引起不良后果的(如，人员伤害、财产损失、不良环境影响或工艺操作中断)计划外发生的事情。

基于知识的行为：要求人员有意识地选择和执行的行为。

滞后指标：结果导向型指标，如：事件发生率、停车时间、质量缺陷或其他过去绩效的评估结果。

领先指标：过程导向型指标，如：支持管理体系的政策和程序的实施程度或符合程度。

管理体系：

1. 一个用于管理基本的经营活动的行政管理体系。

2. 一组正式建立的而且能够统一和持续产生特定结果的工作活动。

3. 一个涉及利用管理原则和分析技术来确保满足每个保护层核心属性的计划或活动。

心智模型：一个人或一个团体对一个过程或系统的简化表现方式，用于说明该过程或系统不同输入、内部过程和输出之间的关系。

减缓措施：旨在降低一个损失事件严重性的保护措施。减缓措施可分为检测措施和纠正措施。

操作纪律(OD)：每次以正确的方式完成所有任务。

- 操作纪律是指企业中员工个人对操作行为体系的实施过程。
- 操作纪律涉及所有人员开展的日常工作。
- 个人通过操作纪律证明其对过程安全的承诺。
- 良好的操作纪律确保每次以正确的方式完成任务。
- 每个人应识别预料之外的情况，保持(或赋予)该过程处于安全状态，而且寻求更广泛的专业知识的支持，以确保人员和过程安全。

企业文化：在一个企业或更大的组织机构中的影响企业经营的所有层次人员所共有的价值、行为和规范。

计划—执行—检查—改进(PDCA)方法：一种通过四个步骤提高质量的方法。在第一个步骤(计划)中，开发一个提高质量的方法。在第二个步骤(执行)中，实施计划。在第三个步骤(检查)中，预测结果与上个步骤的实际结果作比较。在最后一个步骤(改进)中，通过修订计划消除绩效差距。PDCA 循环有时被称作(1)Shewhart 循环，原因是 Walter A. Shewhart 在其出版的《统计方法》一书中从质量控制的角度阐述了这种概念，或(2)Deming 循环，原因是 W. Edwards Deming 将这种概念引入日本，之后日本人将其称为 Deming 循环。另外，它也被称作计划-执行-分析-行动(PDSA)循环。

预防措施：在初始原因已经发生的条件下，预先阻止发生特定损失事件的保护措施；如：在一个初始原因可能导致损失事件发生之前采取的干预措施。

过程生命周期：物理过程或管理体系从出生到死亡经历的各个阶段。这些阶段包括构思、设计、部署、获取、操作、维护、停运和处置阶段。

过程安全文化：在一个企业或更大范围的组织中影响过程安全的所有层级人

员所共有的价值、行为和规范。

复述指令：一种要求接收人向发送人复述信息以验证收到正确信息的通讯方法。

基于风险的过程安全（RBPS）：美国化工过程安全中心的过程安全管理体系方法，该方法利用基于风险的策略和实施战略，即在过程安全、资源、过程安全文化等方面采用基于风险的方法，设计、整改及改进过程安全管理。

风险容忍度：个人或企业为获取特定工艺过程或活动的利益而能够承受的工艺过程或活动的最高风险等级。

基于规则的行为：员工遵守记忆中或书面规则的行为。具体示例可以是使用一份书面检查清单校准一台仪表或使用维护手册修理一台泵。

防护措施：可能中断初始原因和特定损失事件之间的事件链的任何装置、系统或行动。

基于技能的行为：通过记忆存储的行为模式支配的常规行动表现。具体示例可以是一位有经验的机械师使用一个手动工具或一位经过培训且有经验的操作工启动某个应急程序。

SMART：具体的、可测量的、可实现的、相关的、有时间限制的。其他潜在含义：S-重大、延伸；M-有意义的、有动机的；A-同意的、可接受的、行动导向的；R-真实、合理、令人满意的、结果导向的；T-及时的、有形的、可追踪的、有时限的。

基于缜密思考的遵守：按照所有规定和要求完成任务，但在现有的规定和要求看似与过程安全目标相冲突时，应寻求更广泛的专业支持。

变化：数据、工艺参数或人员行为的变化。数据、工艺参数和人员行为在既定范围内的变化是可以预期和接受的。超出既定范围的变化被称作偏差。

世界级生产：一种国际卓越生产制造地位，通过开发基于以下各种因素的文化而实现，如：持续改进、操作行为/操作纪律、预防问题、容忍零缺陷、消费者导向型准时生产和综合质量管理。

致　　谢

美国化学工程师协会(AIChE)和化工过程安全中心(CCPS)在此对操作行为/操作纪律附属委员会及其 CCPS 会员公司的所有成员在本书编制过程中做出的所有努力和技术贡献表示谢意。

附属委员会的主席是来自杜邦公司的詹姆斯·克莱恩(James Klein)。格雷格·科珀特(Greg Keeports)是 CCPS 成员联系人。附属委员会还包括参与编写本书的以下人员：

Guy Arnaud	道达尔 TS
John Herber	3M(已退休)
Mark Leigh	康菲石油公司
Robin Pitblado	挪威船级社

在原有附属委员会中以下人员参与编写了本书的主要部分：

Rob DiValerio	英国石油公司
Niamh Donohoe	英特尔公司
John Haesle	塞拉尼斯公司
Lou Higgins	罗地亚公司
Karen Paulk	康菲石油公司
Fran Schultz	沙比克创新塑料公司
Greg Schultz	陶氏化学公司
Gary Stubblefield	贝克风险公司

化工过程安全中心(CCPS)尤其感谢来自 ABSG 咨询有限公司(ABS 咨询)主要作者的贡献：

Bill Bradshaw

Don Lorenzo

Lee Vanden Heuvel，项目经理

本书编著者向以下 ABS 咨询人员致谢，感谢他们提供的技术支持与评审：
James Liming 为本书提供了技术审核。Leslie Adair 对原稿进行了编辑。Paul Olsen
完成了其中的许多制图工作。最后，Susan Hagemeyer 完成了出版终稿。

在出版之前，所有 CCPS 书籍需要一次全面的同行审查过程。CCPS 也十分
感谢以下同行审查人员给予的深思熟虑的评论和建议。他们的工作提高了本书的
准确度、清晰度和实用性。

Mark Begg	空气化工产品公司
Mike Broadribb	贝克风险公司
Lalaine Byrd	英特尔公司
Jack Chosnek	KnowledgeOne
Lloyd Cowlam	康菲石油公司
Art Dowell	陶氏/罗门哈斯公司(已退休)
Rick Ewan	石城咨询有限责任公司
Jeffrey Fox	道康宁公司
Pete Lodal	伊士曼化学公司
M Fazaly M Ali	马来西亚石油公司
Sam Mannan	玫琳凯奥康纳过程安全中心
Jack McCavit	JLM 咨询公司
Mickey Norsworthy	过程改进研究所
Jack Philley	贝克休斯/贝克石油岩
Rich Purgason	利安德巴塞尔公司
Ronald Rhodes	道达尔石化公司
David Thaman	PPG 工业公司
Lee Valentine	英国石油公司
Bruce Vaughen	Cabot 化学公司
Terry Welch	英国石油公司

前　　言

在过去的 40 多年里，美国化学工程师协会（AIChE）一直密切关注和参与化学以及关联产业有关的过程安全和损失控制问题。通过与工艺设计人员、施工人员、操作人员、安全生产专业人员和学术界研究人员的密切联系，AIChE 不仅加强了与这些人员的交流，而且推动了该行业高安全标准的连续改进。AIChE 出版物和专题讨论会已经成为那些从事过程安全和环境保护人员的信息资源。

在墨西哥的墨西哥城和印度博帕尔发生严重的化学事故后，AIChE 于 1985 年成立了化工过程安全中心（CCPS）。CCPS 被特许编制和宣传用于预防发生重大化学事故的技术信息。该中心受到超过 125 家工业赞助方的支持，这些赞助方为其技术委员会提供必要的资金和专业指导。CCPS 的主要工作成果是一系列导则和基本做法，用于协助企业实施过程安全和风险管理体系中的不同要素。

该书是概念系列丛书的一部分，主要针对特定主题，旨在补充更多、更全面的指南丛书。

操作行为（COO）最早作为一个过程安全要素提出，是 2007 年在 CCPS 发布的《基于风险的过程安全指南》中，该指南更新了原有 CCPS 指南，以反映 15 年来过程安全管理（PSM）在相关行业的实施经验、最佳做法，以及总体的监管要求。纳入操作行为的原因是：只有存在某个体系能确保过程风险管理体系的各项政策、程序和做法得以可靠、稳定以及正确实施时，过程安全的其他要素才有效。

操作行为体系的重点内容不是基本操作和维护要素，如程序、培训、安全作业规范、资产完整性、变更管理以及开车前安全审查。它是一个管理体系，用于协助确保这些系统和其他过程安全管理（PSM）系统的有效性。

对于本书，该要素分为操作行为（COO）和操作纪律（OD）。操作行为强调现行管理体系的各个方面，而操作纪律则强调从企业管理层开始至各层次人员严谨和有序实施操作行为体系。本书在如何制定和实施有效操作行为/操作纪律体系方面提供了具体指导。然而，操作行为/操作纪律不是一个"速战速决"解决方法——其成功需要企业领导团队持久的承诺。如果你的组织刚开始启动操作行为/操作纪律，则会发现所有章节内容都有帮助。如果你的企业管理已开始使用操作管理/操作行为而且只需要采取特定实施措施，则重点阅读第5章、第6章和第7章。

实施综述

有些公司建立过程安全做法和正式的安全管理体系的历史已超过 100 年。过程安全管理(PSM)广泛用于降低重大事故风险和提高化学工业绩效。尽管如此,许多企业仍在有效实施自身管理体系方面面临诸多困难。本概念书的意图是提高化工过程和相关产业中过程安全管理要素的执行性。

编写本书的目的是帮助各企业设计和实施**操作行为**(COO)和**操作纪律**(OD)系统。本书提供了以下思路和方法:(1)设计和实施操作行为和操作纪律体系,(2)纠正

> 操作行为强调管理体系。操作纪律强调操作行为和其他管理体系的执行性。

操作行为和操作纪律体系存在的不足,或(3)提升现有操作行为和操作纪律体系。

总之,操作行为强调鼓励以一致的、合适的方式实施执行所有任务。操作纪律则强调企业各层次人员的严谨和有序地实施操作行为体系和其他管理体系。操作行为和操作纪律的正式定义详见第 1.4 节。

图 S.1 是一个过程安全金字塔或三角形,图中轻微、严重和重大伤害演变的

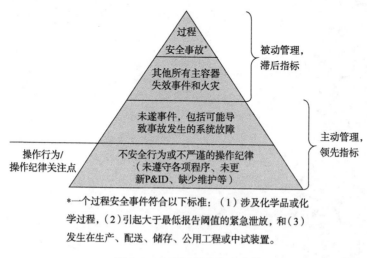

图 S.1　典型过程安全金字塔

人员安全三角形被相应的过程安全问题替代，与本书中的过程安全要点一致。解决三角形底部的问题有助于减少过程安全事故。操作行为/操作纪律活动通常关注三角形底部问题，目标是减少三角形上层问题数量。

操作行为体系的主要特性包括：

<table>
<tr><td colspan="2" align="center">人员</td><td colspan="2" align="center">工艺过程</td></tr>
</table>

人员

- 明确的权力/责任
- 沟通
- 日志和记录
- 培训、技能维持和个人能力
- 遵守政策和程序
- 安全和有效的工作环境
- 操作辅助-可视化工厂
- 对偏差的零容忍
- 任务确认
- 监管/支持
- 安排可胜任的工人
- 门禁管理
- 常规作业
- 工人疲劳/岗位能力

工艺过程

- 工艺过程能力
- 安全操作限值
- 操作限制条件

工厂

- 资产所有权/设备管理
- 设备监控
- 条件确认
- 微小变更管理
- 检维修作业控制
- 安全系统的能力保护
- 控制故意绕过和损害安全系统的行为

操作纪律体系的主要特性包括：

企业

- 领导力
- 团队建设和员工参与
- 遵守程序和标准
- 清洁作业

个人

- 知识
- 承诺
- 意识
- 注重细节

图 S.2 标出了实施操作行为/操作纪律体系的基本流程。可从两个方向进入该过程。第一个进入点位于该图顶部，该进入点适用于一个新的操作行为/操作纪律体系。第二个进入点位于该图底部，该进入点适合改进原有操作行为/操作纪律体系。新体系的第一个步骤是建立(或修订)目标和管理层领导力以确保体系成功。第二个步骤是制定/修订和实施操作行为/操作纪律体系。随着操作行为/操作纪律体系的实施,测量其绩效。根据绩效数据,修订操作行为/操作纪律体系。随着对系统的不断监控和改进,<u>重复上述步骤</u>。

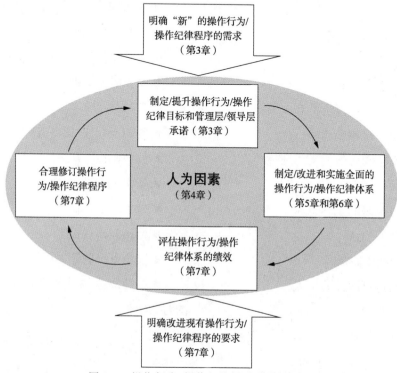

图 S.2　操作行为/操作纪律提升和实施循环

本书的组织结构

本书第 1 章提供了操作行为和操作纪律的定义,及确定企业是否需要改进操作行为/操作纪律程序的指南。第 2 章阐述了实施操作行为/操作纪律体系的各种益处。第 3 章阐述了管理层在成功实施该系统中扮演的重要角色。第 4 章阐述了在建立该系统或识别绩效问题解决方案方面起着重要作用的人为因素问题。第 5 章阐述了操作行为体系的关键属性,第 6 章阐述了操作纪律体系的关键属性。第 7 章阐述了如何监控操作行为/操作纪律体系绩效,及如何持续改进该体系,并形成了操作行为/操作纪律模型。

1 什么是操作行为/操作纪律以及如何判断是否需要操作行为/操作纪律？

1.1 简介

本书描述了操作行为（COO）和操作纪律（OD）的概念、高效操作行为/操作纪律体系的属性，以及一个企业因需要实施或改进其操作行为/操作纪律体系而可能采取的步骤。请认真阅读本章内容，可熟悉掌握操作行为/操作纪律的各项原则。本章将阐明操作行为/操作纪律的基本概念，并帮助你确认现行操作行为/操作纪律体系是否需要进一步完善。另外，本章还定义了本书通用的重要术语，以及操作行为/操作纪律体系与其他管理体系之间的关系。

一般来说，操作行为强调鼓励以一致的、合适的方式执行所有任务❶。操作纪律则强调企业各层次人员严谨和有序地实施操作行为体系和其他管理体系。操作行为和操作纪律的正式定义详见第1.4节。

> 操作行为强调管理体系。操作纪律强调操作行为和其他管理体系的执行性。

1.2 编写本书的目的

编写本概念书的目的是阐明操作行为/操作纪律的关键属性以及为企业如何有效实施该体系提供具体指导。

编写本书的目的是帮助各企业设计和实施操作行为和操作纪律体系。本书提供了以下思路和方法：（1）设计和实施操作行为和操作纪律体系，（2）纠正操作行为和操作纪律体系存在的不足，（3）提升现有操作行为和操作纪律体系。

---

❶组织机构（企业）通常利用术语"计划"或"体系"说明他们实施操作行为/操作纪律的方法。在本书中使用了"体系"一词。不应使用的一个术语是操作行为/操作纪律"项目"；操作行为/操作纪律不是一个"项目"，并没有明确的结束日期，而是一个连续过程。

1.3 主要内容和目标读者

本书的主要任务是提升过程工业和配套产业的过程安全管理。本书中描述的各种概念和活动可适用于众多行业的各种工厂。

本书目标读者包括将参加设计、实施、保持和提升操作行为/操作纪律体系的每一个人，上至高层管理者下至一线工人。第1.5节描述了目标读者使用本书的方法。

> **过程安全管理用法**
> 在本书中采用的术语"过程安全管理"（PSM）是指某组织用来对过程安全进行管理的体系。而不是指某一具体法规（如美国29 CFR 1910. 119 法规）。

实施有效的操作行为/操作纪律体系无疑会对企业文化产生积极影响；但是，企业文化的总体改变涉及到方方面面，并不是单单采用操作行为/操作纪律体系就能够实现。同样，广泛采用操作行为/操作纪律原则还可能改进和提高职业安全、环保、可靠性、质量和其他方面。然而，本书侧重于过程安全方面的操作行为/操作纪律。在全书中采用的示例和描述的工作重点强调过程安全问题。

> **过程安全重点**
> 本书重点集中在提升过程安全绩效，同时也会带来职业安全受益。

BP 得克萨斯炼油厂爆炸事故——操作行为/操作行为失效案例

2005 年 3 月 23 日，美国得克萨斯州得克萨斯城 BP 炼油厂异构化装置（ISOM），在一次大检修后开车期间发生了爆炸事故（参考文献1.1）。事故造成 15 人遇难，超过 170 人受伤，异构化装置和附近工艺装置严重损毁。

液相烃从异构化装置抽余油分馏塔的放空罐溢出后形成了蒸气云发生了爆炸。

与该次事故有关的操作行为/操作纪律相关问题如下所示：

● 在开车前，未按照操作程序要求对抽余油分馏塔的独立高液位报警进行运行检查。

● 操作工没有对分馏塔高液位报警采取响应措施（在事故中分馏塔始终处于高液位报警状态）；

● 在整个开车过程中，操作工几乎明显忽视液位指示，他们故意将液位维持在液位仪表指示范围以上。

● 当白班主管约在早上 7：15 到达现场后，没能按照程序要求对当天工作进行作业安全审查和现场安全巡视。

● 控制室内操作工打印了错误的开车程序(尽管这不是事故发生的主要原因，因为他从未参照该开车程序)。

● 尽管开车程序要求每小时升温限制在50°F以内，但实际上分馏塔塔底加热升温速度达到每小时75°F。

● 在开车期间，白班值班主管大约在爆炸之前3.5h离开了装置现场。在此期间，没有人替他值班。

● 最新的操作程序中未包括在最近重新认证之前对泄压阀设定值的变更。

● 外操工人未向控制室内操工人报告操作参数的严重偏差(如：分馏塔塔底泵压力上升)。

● 在异构化装置操作工培训计划中，仍存在最初于2003年和2004年发现的不足。

其他有名的存在严重的操作行为/操作纪律问题的事故如下：

● 美国"三英里岛"核电站发生的严重事故，发生于1979年3月28日(参考文献1.2)。

● 印度博帕尔联碳公司发生的异氰酸甲酯泄漏事故，发生于1984年12月3日(参考文献1.3)。

● 切尔诺贝利核电站爆炸事故，发生于1986年4月26日(参考文献1.4)。

● 帕尔波·阿尔法石油钻井平台火灾事故，发生于1988年7月6日(参考文献1.5)。

● 埃克森瓦尔迪兹油轮泄漏至靠近阿拉斯加州瓦尔迪兹附近的布莱礁上，发生于1989年3月24日(参考文献1.6)。

● 巴西石油公司P-36石油钻井平台在罗卡道尔沉没事故，发生于2001年5月15日(参考文献1.7)。

在所有这些事故中，安全操作该设施所需的信息已出现在设施操作程序和规范中，或者设施操作人员知道这些信息。然而，在每个案例中，出于好意且经过充分培训的工人却犯了严重错误。这些装置人员为什么不能恰如其分地完成任务呢？发生这些事故的一个重要因素是缺少一个有效的操作行为/操作纪律体系。

考虑到酸泄漏事态扩大未被发现是清洁作业不足的结果。本书将重点阐述与酸泄漏有关的过程危害，而非阐述使用一个从本质上更安全、但未经证实的不含酸替代方案的企业文化。如果作业工人由于未在酸泄漏时穿戴合适的个体防护装备(PPE)而受伤，则本书重点强调未能快速隔离酸泄漏带来的后果，而非强调操作工如何被溅上酸而受伤。但是，正如上文所述，防止酸泄漏和正常穿戴合适的个体防护装备不仅有利于过程安全，也有利于职业安全。

基于风险的过程安全新要素

在化工过程安全中心(CCPS)于2007年编写的《基于风险的过程安全指南》(参考文献1.8)中，CCPS明确操作行为作为基于风险的过程安全(RBPS)管理体系的一个基本要素。将操作行为编入基于风险的过程安全指南是基于众多公司历史悠久的正规操作概念。对于本书，该要素细分为操作行为和操作纪律(关于操作行为/操作纪律体系的更详细说明请参考第2章内容)。基于风险的过程安全指南对二十个基于风险的过程安全要素进行了明确而且将其归纳为过程安全四个原则。操作行为/操作纪律要素包括在管理风险原则内。RBPS指南第17章简要介绍了操作行为/操作纪律要素的主要原则和基本特征，而且列出了与该要素相关的50种可能的工作活动(附有相关的实施选项)，并给出了提升该要素有效性和与该要素相关的指标、管理评审活动有效性的方法示例。

操作行为/操作纪律体系适用于企业内的所有人员，包括直接雇用员工、承包商、第三方人员和兼职员工。成功的操作行为/操作纪律体系中，必须包括所有人员。

一个全面实施的操作行为/操作纪律体系触及一个企业的每个层次，从管理层到一线员工。例如：运行副总裁负责召开每周管理会议和解决操作行为/操作纪律体系范围内的具体过程安全问题。表1.1列出了操作行为/操作纪律体系如何适用于管理人员的几个例子。

因此，本书前面是针对企业的领导团队。企业领导团队必须决定操作行为/操作纪律的长期利益(详见第2章说明)值得进行初始投资和持续投资。本书后面详细阐述了操作行为/操作纪律体系，确保上层管理人员能够评估该系统的成本和效益，以便他们在如何实施方面作出明智的决定。本书还帮助管理人员理解必须做出一个看得见的持续承诺以确保系统成功实施。

一旦企业决定实施操作行为/操作纪律，尽管该系统的概念也适用于公司层面，但实施和维护该系统的全部责任落在设施经理身上❷。本书将帮助设施经理

---

❷设施经理是指全面负责装置安全和高效运行的人。在不同类型的设施中，可能有不同的叫法。例如，在一个固定生产设施，该人可能被称作工厂经理或现场经理。对于一个海上石油平台，该人可能被称作海上设施经理。

识别作为全面的操作行为/操作纪律体系的一部分来实施的体系。本书的大部分内容适用于那些制定、实施和维护操作行为/操作纪律体系的管理人员和专业人员。本书描述了操作行为/操作纪律体系的典型特征，因此各负责部门可对其现行系统进行差距分析，然后完善其系统，或利用该模板程序作为开发其自身体系的起点(见第7章)。本书将协助现场运行经理和区域经理定义确保其负责任务可靠完成所需的管理框架。

表 1.1　操作行为体系中的管理人员操作纪律示例

- 积极探索过程安全管理绩效和效率问题
- 按要求收集和定期审核过程安全的关键绩效指标
- 设定过程安全绩效预期并提供实现这些绩效的资源
- 查找管理体系失效作为事件的根原因
- 在现场巡检期间，坚持识别和纠正不符合标准的行动或条件
- 及时完成与工作活动有关的管理审核和审批事项
- 合理提前传达会议精神和日程且高效地召开会议
- 礼貌对待同事和下属
- 整理会议成果而且在合理时间内传送会议纪要
- 要求每个人(包括他们自己)对承诺负责而且及时解决问题
- 确保有足够的员工来安全地操作装置
- 确保有足够的资金保证设备和安全系统处于良好运行工况

一旦建立操作行为体系，管理层必须保证一线主管和班长协助实施和维护该体系。操作行为体系的实施也是该工艺过程的操作纪律的部分内容。在第3章中，提供了如何克服对历史运营方式的任何变化的最初抵制的建议。在第7章中，还提出了对持续保持高水平操作纪律承诺的工人实施奖励的办法。

本书对参与操作行为/操作纪律活动的任何人都有参考价值，因为本书解释了企业的预期成果，以及他们的参与和支持对取得全面成功为何如此重要。企业中的每

操作行为/操作纪律适用于所有部门中管理人员、员工和承包商所执行的关键作业任务，而不是仅仅适用于运行部门的人员。由于操作行为/操作纪律是一个对可靠运行的持续承诺，所以它适用于装置或企业整个生命周期内每个工人每次执行的每项任务。例如，必须精确完成质量控制实验并及时报告实验结果，确保工艺过程处于受控状态。

个人将认识到制定具体过程和程序的重要性，而且将严格遵守这些过程和程序。

- 管理层和执行高管将会理解他们的行为和个人纪律是整个企业的标准和榜样。

• 技术人员将会理解设备设计的重要性，以便更容易地操作和维护这些设备。

> 设施经理和设施管理团队必须以身则，为操作行为/操作纪律体系获得成功做出榜样。

• 操作工将会理解检查现场读数以核对控制室读数的重要性。

• 检修工人将会理解认真完成各项任务的重要性，如常规测试和清洁作业。

• 人力资源团队将会理解他们在岗位能力评估、渐进性惩处、工资、奖金和留岗查看决策等方面的职责。

• 各种辅助团队，如：信息技术，将会理解他们为操作和维修人员提供支持对取得成功至关重要。

目标是每个人都能理解如何顺利完成其任务是企业成功的基本条件。

1.4 定义

本节内容包括本书通用的主要定义。完整定义清单请参考词汇表。❸

操作行为的定义

操作行为是指企业在建立、实施和保持管理体系的过程中体现出其价值观和原则，目的是：(1)根据企业风险容忍度组织分配操作任务，(2)确保严谨和正确完成每项任务，(3)最大限度地减少行为的差别。

• 操作行为强调操作行为/操作纪律的管理体系。

• 操作行为建立了旨在影响个人行为和提高过程安全的组织方法和体系。

• 操作行为活动规定了应如何实施各项任务(操作、维护、设计等)。

• 一个良好的操作行为体系以可见的方式证明企业对过程安全的承诺。

操作纪律的定义

操作纪律是指每次以正确的方式完成所有任务。

• 操作纪律是指企业中的员工个人对操作行为体系的实施过程。

• 操作纪律涉及由所有人员贯彻执行的日常工作。

• 个人通过操作纪律证明其对过程安全的承诺。

• 良好的操作纪律确保每次以正确的方式完成任务。

• 个人应识别预料之外的情况，保持(或赋予)该过程处于安全状态，而且寻求更广泛的专业支持以保证人员和过程安全。

---

❸关于最新过程安全相关定义，还可登陆 CCPS 网站查询。

表1.2提供了适用于各种情况的操作行为和操作纪律问题示例。

表1.2 在各种情况下的操作行为和操作纪律问题示例

情 况	操作行为问题示例*	操作纪律问题示例*
修理一台泵	• 确保工作许可过程正常运行 • 确保为工人提供安全作业程序培训 • 安排合格检修工人 • 确保仓库内有合适的修理配件和工具（如：通过一个综合检修工单管理体系） • 加强良好的清洁作业做法 • 实施检修制度（包括标签和照明）	• 在开始工作前正确将泵与工艺管线隔离，并切断电源 • 正确认识这项工作对其他工作和界面系统的影响 • 遵守工作许可程序而且保证承包商工人也做到这一点 • 认真检查完成的工作 • 保持卫生清洁 • 将修理工作状况通知操作人员
装置开车	• 确保操作程序充分阐述了开车相关的危害 • 识别与先前停车原因有关而且需要特别注意的任何特殊问题–必要时采用变更管理过程 • 评估任何故障的安全系统或工艺设备，而且确保其得到修复，或确认替代措施和安全保障措施有效 • 用书面形式为开车团队传达任何必要的变更程序 • 授权操作工在需要时取消开车以解决安全问题	• 所有沟通使用"复述指令"方式 • 遵守标准程序，并记录修订程序的任何管理指令 • 在值班日志或专用开车文档中正确记录开车顺序 • 在开车期间识别不符合开车程序的偏差，而且咨询主管以寻求正确响应答案 • 如果安全问题未得到解决或者相关人员不确定如何实施操作，则终止开车 • 如果有一个开车团队参与开车过程，则与其他团队成员交叉核对以保证执行正确的开车顺序
交接班	• 制定一个正式的交接班沟通协议，包括审查日志的时间 • 明确定义值班主管、控制室操作工和现场操作工之间的预期交流内容 • 建立一个安全联锁失效日志而且确保在每个班组接班时核对这些日志 • 建立一个适合交接班的打印日志，而非依靠操作工记录	• 提前到岗以确保有足够的时间进行交接班，而且在交接完成之前不得离岗 • 正确记录交接班所需的重要信息–工艺条件、未完工作、任何停用的安全设备或联锁等 • 两个班组联合核对交接的日志表格
升级一台液位仪表	• 确保变更管理过程正规化而且由相关人员填写表格 • 评估因变更引起的人员培训需求	• 召集工程师、操作工和维修人员参加讨论解决与变更有关的所有关注的问题 • 在使用设备之前完成变更管理程序和所有开车前审查
每周召开工厂员工会议	• 制定总的会议日程表，便于相关人员做好会议准备 • 制定会议进度表 • 跟踪会议决定的行动项完成情况 • 安排足够的资源并指定行动项完成日期	• 定期参加会议 • 审核逾期的行动项 • 严格遵守会议日程表和进度表 • 整理会议纪要

*为避免重复，所有操作行为活动包括体系的各个方面，如：制定计划、实施、监控和管理评审。

7

过程安全文化的定义

过程安全文化是指在一个企业或更大范围组织中的影响过程安全的所有层次人员所共有的价值观、行为和规范。

- 一个企业可能有优秀的职业安全文化，但过程安全文化却不太成功，尤其是后者没有得到企业的重视。

- 同一企业中，不同的团队可能有不同的过程安全文化。

- 过程安全文化通常体现在当企业人员相信没有人监督他们时自然表现出来的行为。过程安全文化也被描述为与过程安全活动有关的"我们做事的方式。"

- 过程安全文化受到(1)企业因素和(2)员工个人因素的影响。操作行为强调第一个因素，而操作纪律强调第二个因素。按理说，过程安全文化还可能受到企业外部因素的影响(如：法规、经济条件、社会习俗)，但是一个强有力的操作行为/操作纪律体系应保证过程安全文化限制在企业内部，而不会受到企业外部因素的影响。

按照 Merriam-Webster 词典(参考文献 1.9)，术语"纪律(discipline)"可能有以下含义：

(1) 惩罚；

(2) 某个研究领域；

(3) 一种用于矫正、塑造或完善智力或品德的培训；

(4) (a)通过强制命令得到控制，(b)守纪律的或规定的行为或行为模式，(c)自我控制；

(5) 管理行为或活动的规则或系列规则。

过程安全中与风险相关的操作纪律(OD)强调定义(4)(b)和(5)：守纪律的举止与行为和管理行为的系统。操作纪律体

> 在操作纪律中的用词"纪律(discipline)"，并非惩罚的意思。

系的目标之一是利用指定的行为模式建立规则。通过企业中用于管控任务绩效并保证员工为行为负责的系列规则来实现上述目标。相信人们能把工作做好，要求他们对自己的过失负责，且对表现优异的行为实施奖励，是操作行为/操作纪律体系的关键内容。

然而，没有任何规则或程序能够预测所有可能的形势和情况。因此，操作纪律不要求或鼓励盲目遵守任何规则或程序。操作纪律鼓励"基于缜密思考的遵守"(参考文献 1.8)。

期望人们遵守各项规则和程序。但是，也希望人们思考规则和程序应用于现实情况后会发生什么。如果人们相信实施规则和程序的风险不可接受，则希望他

们停止工作并咨询其他专业人员的建议。也有可能危险状况发生了改变，确保安全作业。否则，他们应在执行修订的程序之前，重新审核企业制定的工作过程，修改该过程的规则和程序。规则和程序的修订应在可控的条件下进行。然而，如果突发事件要求立即采取措施，则应在万不得已的情况下，应信任专业人员并授权其使用修订程序，充分利用他们的培训知识和经验确保运行安全。

在紧急情况下采用"基于缜密思考的遵守"方法的一个具体示例是核电厂操作工应遵守的美国核管理委员会（NRC's）规则。特殊工种必须严格遵守其操作许可和技术规范的所有条款（操作范围）。然而，NRC 还有一项规定[10 CFR 50.54 (x)（参考文献 1.10）]如下：

在紧急情况下，如果没有可提供充分或等效保护而且符合许可条件和技术规范的措施，为保护公众健康和安全，被许可方可立即采取偏离许可条件或技术规范的合理措施。

换句话说，工业核电站操作工应遵守所有规定，除非在紧急情况下遵守规定会造成不可接受的风险（如：危害公众健康和安全）。因此，为支持良好的操作纪律，培训和人员能力体系必须解释"为什么"违背规则。

为保证人们对其行为负责，应有合适的传统纪律系统。这些系统支持操作行为/操作纪律方法，但不在本书范围之内。然而，人力资源纪律系统应遵守操作行为/操

> 随着操作行为/操作纪律体系有效性的逐步提高，对传统纪律做法的需求应逐步减少。

作纪律中公平对待每个人的原则，而且对违反规则或安全原则的每个人采取同样的纪律处分。在一个采用有效操作行为/操作纪律体系的企业中，经理很少对员工采取人力资源纪律处分，除非员工故意或鲁莽地危害他人。当某人受到正式的纪律处分时，企业全体员工普遍支持该项决定，因为他们不能容忍有人对其同事故意采取危险的行动。

在一个采用有效操作行为/操作纪律体系的企业中，员工共同努力将奖励和处罚纳入到工作日常程序中，以鼓励适当的行为和阻止不适当的行为。因此，很少要求使用传统的人力资源纪律处分方法来约束员工纠正其错误行为。员工相互监督他人表现并积极为他人提供正面和负面反馈信息，有利于持续改善整个团队的表现。然而，当个人表现优异时，企业必须采取适当纪律奖励措施，使其个人荣誉得到彰显。

1.5 如何使用本书

本书结构便于读者根据其工作岗位将注意力集中在具体主题上。

第 2 章阐述了实施操作行为/操作纪律体系的各种好处和预期成果。第 3 章阐述了管理层在建立有效的体系中应执行的行动。第 4 章阐述了影响操作行为/操作纪律体系实施效果的主要人为因素。第 5 章和第 6 章提供了操作行为和操作纪律体系的实施细则。最后，第 7 章阐述了与实施操作行为/操作纪律体系有关的计划-执行-检查-改进方法。表 1.3 列出了本书的适用读者范围并提出了作者认为最为有益的章节。字母 P 表示企业团队最感兴趣的章节，字母 S 表示企业团队其次感兴趣的章节。

> 如果刚刚开始操作行为/操作纪律，则会发现所有章节内容都有帮助。如果企业管理已开始实施操作行为/操作纪律，只需要查阅特定实施措施，则重点阅读第 5 章、第 6 章和第 7 章。

表 1.3　每个工作岗位关注的关键章节

项　　目	第 1 章什么是操作行为/操作纪律以及如何判断是否需要操作行为/操作纪律	第 2 章操作行为/操作纪律效益	第 3 章领导层的职责和承诺	第 4 章人为因素的重要性	第 5 章操作行为的主要特性	第 6 章操作纪律的主要特性	第 7 章实施和维护有效操作行为/操作纪律体系
执行董事	P	P	P				S
工厂/设施经理	P	P	P		S		P
现场运行主管/区域经理	P	P	P	P	P	P	P
环境、健康和安全/过程安全经理/专家	P	P	P	P	P	P	P
现场班长/一线主管	P	S	P	P	P	P	S
工程师/项目经理	P		S	P	P		
操作工	P			P	P	P	
检修工人	P			P	P	P	
实验室技术员	P			S	P	P	
施工工人	S					P	
采购人员	P				P		
仓库管理员	P				P	P	
人力资源	P	S	S	S	P	P	

注：P—主要感兴趣章节，S—次要感兴趣章节。

1.6　如何判断是否需要改进现行操作行为/操作纪律体系?

本节内容提供了检查清单以帮助企业衡量他们在操作行为/操作纪律体系中

的位置。检查清单包括操作行为/操作纪律体系有效性的各项指标(表1.4)、操作行为体系特性示例(表1.5)和操作纪律体系特性示例(表1.6)。

如果操作行为/操作纪律体系运行良好，则表1.4中的大部分正向指标应非常明显，该体系应达到本书第7.5.3节描述的第5阶段成熟度。表1.5提供了操作行为体系的强项和弱项示例。表1.6阐述了操作纪律体系的相同内容。如果看到这些表格中第二列中列出的弱项症状，则改进操作行为/操作纪律体系将有助于将绩效提升至这些表格中的第三列。

如果确定企业存在表1.5和表1.6所列症状，则本书其他章节将帮助您找到改进办法。

表1.4 有效操作行为/操作纪律体系的指标

设备正确设计和建造	□ 在设备初始设计中已考虑所有操作、维护、安全和环境因素。 □ 在设计过程中利用预先风险分析结果和工业标准作为设计输入。 □ 设备最终用户(通常指操作和检修人员)参与设计过程。 □ 设计过程可控。 □ 施工过程可控
正确操作设备	□ 通过主动风险分析制定正确的设备操作方法并形成书面程序。操作工参与程序的制定过程。 □ 员工已接受正常和异常操作培训，以及程序编制依据和操作范围培训。 □ 按照程序要求配置和操作设备。 □ 设备通过受控的过程恢复运行。 □ 操作要求的变更得到合适的评估
正确维护设备	□ 设备维护应按照预先维修策略，该策略是通过一个标准化评估过程制定的。 □ 人员接受故障排除、维修和维护培训。 □ 操作条件变化得到评估以确定其对维护要求的影响。 □ 安全操作规范确保设备状况受控。 □ 分析设备故障以防类似故障再次发生
正确实施管理体系	□ 根据主动分析结果和行业最佳做法开发管理体系。 □ 管理体系文件化。 □ 记录管理体系的实施过程。 □ 评估组织的变更以确定对现有管理体系的影响
坚持纠正错误和偏差	□ 管理体系中的员工追求提升其绩效。因此，广泛使用自我检查、同级检查、审核、事故调查、管理评审、指标以识别和消除偏差。 □ 员工积极查找不符并解决发现的问题。 □ 员工主动承担责任且自己寻找解决问题的办法。他们寻求外部人员帮助解决问题，但承担问题的责任。 □ 员工欢迎团队外部人员的反馈信息，作为改进其系统和方法的机会

表1.5　操作行为体系特性示例

主　题	弱项指标	强项指标
管理体系		
	□ 运营的管理评审未实施或者按照非正式的方式实施	□ 经理们有组织地实施过程安全要素和关键操作/维修活动的管理评审，并根据发现的问题制定相应的行动措施
操作行为基础		
	□ 发布一项新政策或新程序，那么第一个问题是这样的"好的，我理解文字上所说的，但你到底想让我们做什么？"	□ 政策描述了员工的预期行为
	□ 容忍恶作剧❹	□ 记录恶作剧和其他故意或过分行为造成的后果
	□ 由于检修队伍规模下降，完成检修任务计划不太现实。然而，在识别最关键任务时未执行风险优先策略。因此，技术人员被告知"各尽其能"	□ 为完成计划工作提供所需资源，或者根据现有资源考虑工作优先计划
	□ 经理们经常开会识别问题并制定整改措施。然而，由于未能有效跟踪纠正措施，所以大部分措施未完成	□ 企业跟踪纠正措施直至完成。 □ 延期的纠正措施被定期评审，并进一步采取措施完成纠正措施
人员		
	□ 日志不完整或不准确。在事故调查期间，该类日志对确定装置发生了什么没有任何帮助	□ 日志及时保得以执行。 □ 日志为描述设施运行情况提供足够细节
	□ 他们让我们自己判断是否需要使用安全操作规范。如果我们感觉风险低，则他们告诉我们不必使用它们——"我仅在受限空间内停留数秒钟，因此所有那些文件和设备都没有必要。我只需要屏住呼吸。"	□ 人员接受安全操作规范培训。 □ 工人理解到偏离安全操作规范的后果。 □ 工作许可证申请过程实施顺畅，减少繁琐的工作许可证申请手续。 □ 即使安全许可系统使工作减速，也希望人员使用适用的许可系统。 □ 如果因使用正确的安全操作规范引起工程明显延期，不得对相关人员采取惩罚措施
	□ 在设施周围发现废弃的设备、旧容器和垃圾。 □ 泄漏事件不受控制或未实施调查	□ 设备保持干净，便于检测工艺波动和泄漏点。 □ 工具和备件存放在指定位置。 □ 及时处理垃圾。 □ 及时运走废弃的设备

---

❹吵闹或喧闹的游戏；快乐的或轻松的娱乐活动。也称作嬉戏。

续表

主　题	弱项指标	强项指标
	□ 根据现有人员分配任务，不管他们是否有资格执行该项任务	□ 管理人员了解每个人能胜任哪些任务。 □ 根据每个人执行特定任务的资格分配任务，而不仅根据其职位分配任务
	□ 员工挤在控制室，导致操作工难以相互交流	□ 在开车和停车期间控制控制室进出人数。 □ 控制室的布置允许操作工和检修人员互动而不影响操作

表 1.6　操作纪律体系特性示例

主　题	弱项指标	强项指标
企业方面		
	□ 运行经理告诉操作工严格遵守各项程序，但当他们妨碍快速开车时，经理告诉操作工"尽一切可能完成该项任务。"	□ 领导层与一线人员一同遵守他们宣贯的规则。 □ 在对企业/装置实施变更之前，领导层应从一线人员那里收集和整理信息输入。 □ 领导层不容忍任何偏差
	□ 在设计和开发各项程序、培训、设备、政策和工具时，员工们未输入真实的信息。"那些家伙们一直给我们发送这些资料。我们为什么必须遵守他们提供的程序？"	□ 一线工人为工厂使用的管理体系、设备、程序和工具提供改进意见和建议。 □ 管理层针对这些建议采取措施。 □ 管理层奖励提供建议和帮助实施改进措施的工人
	□ 人们通常遵守程序。但当程序和生产发生冲突时，他们会采取捷径完成任务	□ 贯彻和广泛使用一个变更程序的系统化方法，从非正式到正式。在获得批准之前，利用一个分级方法评估每个程序的变更。 □ 纠正程序得到执行。 □ 有明显的基于缜密思考的遵守的证据。 □ 如果不能使用该程序，则停止作业直到该程序修改完毕或者异议得到批准。 □ 管理人员及时传达已有程序特例或变更的原因，确保工人理解情况
	□ 在设施周围发现废弃的设备、旧容器和垃圾。工人没有文明施工的约束和动力。	□ 工人主动履行文明施工承诺。他们纠正其他不遵守清洁作业标准的工人

续表

主　题	弱项指标	强项指标
个人方面		
	□ 工人不学习额外的知识、技能和能力。 □ 不知道如何做该项工作，还勇于尝试该项工作	□ 工人们自我调节他们的任务安排。如果缺乏必要的资质，则他们不会执行该项任务
	□ "这样做有什么意义？不管努力还是不努力-反正结果都是一样的。" □ "这不是我的问题-应该由别人来解决。" □ 三个温度指示器全部显示不同的温度，但没有去了解差异出现的原因和解决指示不一致的问题	□ 员工主动承担责任和解决问题。 □ 员工积极探索相关操作和维修问题的解决方案
	□ 员工不执行同级检查，因为这样做会给别人带来麻烦。 □ 员工不花时间评估与任务有关的危害。 □ 员工不问关于设备状态的问题和在其区域内开展的活动。 □ 员工识别不出表明反应失控的压力和温度上升。 □ 员工意识不到灰尘积聚在空闲区可能是粉尘爆炸的前兆	□ 员工积极寻找关于设备和活动状态的额外信息。 □ 员工查找工艺偏差并评估其安全隐患。 □ 在工作空闲之余，工人通过"what-if"挑战等类似活动扩展其对设施相关知识的了解

1.7　操作行为/操作纪律基本概念

图1.1是一个过程安全金字塔或三角形，图中轻微、严重和重大伤害演变的人员安全三角形被相应的过程安全问题替代，与本书中的过程安全要点一致。解决三角形底部的问题有助于减少过程安全事故。操作行为/操作纪律活动通常关注三角形的底部问题，目标是减少三角形上层问题数量。

努力消除过程安全金字塔底部问题的优势包括：

● 可快速识别问题。

○ 频繁开展的各项活动，足以根据观察结果得到的反馈信息，在短期内识别潜在绩效差距。

○ 不合理和不安全的行为是过程安全绩效的领先指标，可在重大事件发生前识别出来并予以解决处理。

● 活动易于观察。

○ 一线工人的表现可生成可观察的和可测量的结果(个人在现场完成的工作)。

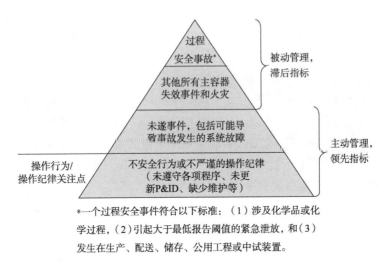

*一个过程安全事件符合以下标准：（1）涉及化学品或化学过程，（2）引起大于最低报告阈值的紧急泄放，和（3）发生在生产、配送、储存、公用工程或中试装置。

图 1.1 典型过程安全金字塔

　○ 利用现场资源实施整改行动而且快速完成。可见的响应证实管理层对操作行为/操作纪律的承诺。

　● 改变行为可转变思维。

　○ 对于大多数人，如果可以改变他们的行为，通常他们的态度也会改善。当行为和态度不一致时，大多数人将试图改变行为或态度以消除差异。如果能够保持足够长时间的稳定行为，则态度通常也会随之转变以适应新的行为标准（参考文献 1.11）。

　● 转变将影响多个工作区域/结果。

　○ 低水准行为，如：现场巡检或完成文字工作，是许多工作区域的共同点。因此在一个区域的绩效有所改善时，可通过效仿该区域来提高其他工作区域的成果。

　努力消除过程安全金字塔底部问题的不利包括：

　● 整体企业文化可能使得高效操作行为/操作纪律体系的实施变得更加困难。

　○ 根据上文所述，操作行为/操作纪律不能直接解决企业文化问题。当利用潜在不安全企业文化开展工作时，高效操作行为/操作纪律体系的实施会变得更加困难。反之，有效的企业文化有利于促进操作行为/操作纪律体系的开发、实施和维护。

　● 与操作行为/操作纪律（COO/OD）有关的过程安全管理（PSM）系统可能无效。

15

○ 操作行为/操作纪律体系的开发、实施和保持可通过其他过程安全管理体系的有效实施来完成。如果这些系统有重大缺陷，则操作行为/操作纪律体系的实施将更加困难。

● 过程安全金字塔顶部的滞后指标可能响应较慢。

○ 由于操作行为/操作纪律重点关注金字塔底部，所以可能需要数月或数年时间来证明各项改进对金字塔顶部统计数据的影响。识别和持续改进较低水平的行为需要大量努力，而且持续关注是减少金字塔底部规模的关键因素。

○ 即使新的操作行为/操作纪律体系实施极佳，但过去遗留的某个不好的操作行为/操作纪律问题也可能为未来发生事故埋下伏笔。

1.8 操作行为/操作纪律体系的实施

图1.2概述了实施操作行为/操作纪律体系的基本流程以及本书中论述的每个要素的相应的章节。可从两个方向进入该过程。第一个进入点位于该图顶部，

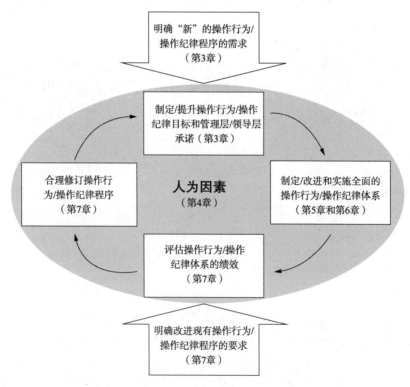

图1.2 操作行为/操作纪律提升和实施循环

该进入点适用于一个新的操作行为/操作纪律体系(第3章)。第二个进入点位于该图底部，该进入点适合改进原有操作行为/操作纪律体系(第7章)。新体系的第一个步骤是建立(或修订)目标和管理层领导力以确保体系成功(第3章)。其次，制定/修订(第5章和第6章)和实施(第7章)操作行为/操作纪律体系。随着操作行为/操作纪律体系的实施，测量其绩效(第7章)。根据绩效数据，修订操作行为/操作纪律体系(第7章)。随着对系统的不断监控和改进，重复上述步骤。人为因素问题可能出现在该过程的所有要素中(如包含所有要素的灰色圆圈所示)，因此人为要素将在第4章集中讨论。

1.9　本书的范围

根据第1.2节内容，编写本书的目的是阐明操作行为/操作纪律的主要特性以及为企业如何有效实施操作行为/操作纪律体系提供具体指导。其指导范围如下：

- **适用于企业中的所有岗位**。操作纪律工作活动主要强调一线人员的表现。然而，为确保成功，企业中所有级别和岗位的人员必须贯彻和实施该方法。该体系的成功取决于工厂管理人员具有的领导能力。
- **适用于整个生命周期**。操作行为/操作纪律体系应适用于整个过程生命周期。参与体系生命周期的任何方面(设计、施工、操作、维修、停运、拆除和现场恢复)的人员应运用操作行为/操作纪律概念。例如，工程人员在设计阶段、施工人员在建设阶段应运用操作行为/操作纪律的概念。
- **国际通用**。操作行为/操作纪律体系应适用于全球的所有工厂，不管工厂位于哪个国家和地区。但是，体系实施的某些方面需要根据工厂文化和语言问题进行适当调整。
- **适用于固定设施**。本书最初编制时考虑主要在固定设施中使用。尽管许多操作行为/操作纪律概念和工作活动与运输或海上情况有关，但是在编写本书的过程中没有充分考虑这些概念在这些环境中的具体应用。
- **强调过程安全，而非个人安全**。本书阐述的操作行为/操作纪律体系主要考虑改进过程安全。然而，本书概念的应用和工作活动的开展也将在改进职业安全、产品安全、可靠性和质量以及降低客户和公众风险方面产生额外收益。

1.10　与其他管理体系框架的关系

操作行为与CCPS出版的《基于风险的过程安全指南》(参考文献1.8)中规定

17

的其他过程安全管理要素密切相关。其中最重要的要素为文化、程序（所有类型）、培训、能力和管理评审。操作行为最基本的要求之一为执行各项程序的一致性。为此，（1）必须有参照执行的书面程序，和（2）工人们必须接受关于正确实施这些程序的培训。

另一个关键的关联要素为变更管理（MOC）。当执行任务时，操作纪律禁止工人在遇到特别情况时采用临时想出的办法完成一项程序。操作纪律的要求是立即以安全的方式停止操作，而且如果该情况不能在标准程序和操作规范范围内得到解决，则寻求协助并遵守变更管理（MOC）协议。

表1.7列出了RBPS结构中其他要素作为操作行为/操作纪律体系的输入的示例，以及将操作行为/操作纪律体系的结果用于其他RBPS要素的示例。关于所有RBPS要素列表，请参考本书所附的网上在线资料。

> 可通过利用现有的管理体系来减少实施操作行为/操作纪律体系所需的工作量。

操作行为/操作纪律体系也与许多其他常用的管理体系框架息息相关。这些相关指南和法规的实施与操作行为/操作纪律体系发生部分重叠，会减少实施操作行为/操作纪律体系所需要的工作量。这些相关指南和法规的示例包括：

- 《美国化学理事会（ACC）责任关怀®管理体系》；
- 化工过程安全中心（CCPS）《基于风险的过程安全（RBPS）管理体系》；
- 《重大事故灾害控制》，英国健康与安全执行局；
- DSEAR-《危险物质和爆炸性环境法规》，英国健康与安全执行局，2002年颁布；
- ISO 9001：2008，《质量管理体系》，国际标准化组织；
- ISO 14001：2004，《环境管理体系》，国际标准化组织；
- 《职业健康和安全管理体系》，OHSAS 18001；
- SEVESO-Ⅱ，《对危险物质重大事故灾害控制》，欧盟理事会，理事会指令96/82/EC，1996年12月9日颁布，2008年11月修订；
- 《成功的健康和安全管理》（HSG65），英国健康与安全执行局，1997年颁布；
- 英国《食品标准管理局条例》；
- 英国《海上设施（安全情况）条例》，1992 SI 1992/2885；
- 《美国能源部（DOE）指令》5480.19；
- 美国环境保护局（EPA）《风险管理计划（RMP）规定》40 CFR 68；
- 美国食品和药物管理局（FDA）《联邦食品、药物和化妆品法案》，《现行药品生产质量管理规范》；

● 美国职业安全健康管理局(OSHA)《过程安全管理法规》，29 CFR 1910.119。

表 1.7 操作行为/操作纪律体系作为 RBPS 相关要素的输入输出

RBPS 要素	操作行为-第5章		操作纪律-第6章	
	输入	输出	输入	输出
过程安全文化	● 可见的管理支持 ● 当前过程安全文化状态评估 ● 安全目标定义过程 ● 过程安全期望 ● 公司运营/安全原则	● 强化过程安全文化 ● 培训计划：(1)强调严格遵守程序和规范；(2)强化符合标准文化 ● 违规行为问责系统 ● 企业领导层和生产管理层座谈会 ● 建立人员质疑态度	● 授权人员按设计意图实施程序和过程	● 减少过程安全事故和伤害 ● 工人质疑态度 ● 遵守权利界限 ● 主动观察和指导其他工人 ● 缺陷和偏差零容忍
危害识别和风险分析	● 风险评估方法 ● 风险容忍度 ● 推荐使用降低人为错误可能性或提高管理控制措施有效性的操作规范	● 本质安全过程特征 ● 改进硬件相关控制措施 ● 改进程序相关控制措施 ● 改进管理措施	● 识别过程风险和风险控制措施	● 每天贯彻实施程序相关的控制措施和管理措施
操作程序	● 规定了合适的操作步骤的程序并遵守该程序	● 识别可通过改进程序予以解决的操作和维修问题	● 及时更新程序	● 程序实施 ● 要求为程序问题提供解决方案
变更管理	● 修订的过程描述 ● 修订的操作要求	● 触发变更管理评估的说明	● 修订后的程序需进行员工培训 ● 工人必须接受培训而不是被告知的条件	● 必要时使用变更管理过程 ● 通知和审查所有操作变更(如：旁通报警) ● 在变更投用前进行工人培训
事故调查	● 推荐使用降低人为错误可能性或提高管理控制措施有效性的操作规范	● 吸取根据调查结果得出的经验教训	● 推荐一线人员某些具体的做法以提高绩效	● 报告未遂事件 ● 开放参与调查

1.11 总结

本章内容介绍了编制本书的目的，并定义了本书剩余章节中使用的关键术语；描述了不同人使用本书的方法；列出了操作行为和操作纪律体系的指标示例；展示了全面的操作行为/操作纪律体系模型。

1.12　参考文献

1.1　U. S. Chemical Safety and Hazard Investigation Board, *Refinery Explosion and Fire*, *BP Texas City*, *Final Report*, Report No. 2005 – 04 – 1 – TX, Washington, D. C., March 2007.

1.2　Kemeny, John G., Chairman, *Report of the President's Commission on the Accident at Three Mile Island*, Washington, D. C., October 1979.

1.3　Atherton, John, and Frederic Gil, *Incidents That Define Process Safety*, Center for Chemical Process Safety of the American Institute of Chemical Engineers, John Wiley & Sons, Inc., Hoboken, New Jersey, 2008.

1.4　World Nuclear Association, "Chernobyl Accident," http://www. worldnuclear. org/info/chernob vl/inf07.html.

1.5　Cullen, TheHonourable Lord, *The Public Inquiry into the Piper Alpha Disaster*, HM Stationary Office, London, England, 1990.

1.6　U. S. National Transportation Safety Board, *Grounding of the U. S. Tankership EXXON VALDEZon Bligh Reef*, *Prince William Sound Near Valdez*, *AK March* 24, 1989, Report No. MAR – 90 – 04, Washington, D. C., adopted on July 31, 1990.

1.7　*Final Report*, *Petrobras Inquiry Commission*, *P-36 Accident*, Rio de Janeiro, Brazil, June 22, 2001.

1.8　Center for Chemical Process Safety of the American Institute of Chemical Engineers, *Guidelines for Risk Based Process Safety*, John Wiley & Sons, Inc., Hoboken, New Jersey, 2007.

1.9　*Merriam – Webster's Online Dictionary*, http ://www. merriamwebster. com/dictionary/discipline.

1.10　U. S. Government Printing Office, *Code of Federal Regulations*, Title 10, Chapter 1, Section 50. 54 (x), "Conditions of Licenses,"Washington, D. C., revised January 1, 2003.

1.11　Cooper, Joel, *Cognitive Dissonance*: 50 *Years of a Classic Theory*, SAGE Publications Ltd, London, England, 2007.

2 操作行为/操作纪律的效益

2.1 简介

企业为什么应实施操作行为/操作纪律计划？该体系的潜在和预期效益是什么？这些效益是否具有初步和持续资源投资价值？这是任何一个企业在制定操作行为/操作纪律策略之前必须说明的重要问题。

2.2 操作行为/操作纪律的目标

正如第 1 章所述，操作行为体系旨在按照统一的与合理的方式提高所有任务的绩效。操作纪律是指整个组织中的人员对操作行为和其他组织中的管理体系的有意的和有序化的实施。许多操作行为/操作纪律的历史经验被某些行业(火药生产、核武器、航空)借鉴，使用效果非常好，有效降低了企业风险。但是，操作行为/操作纪律不是一个全有全无的命题；低风险行业企业可选择操作行为/操作纪律体系中有助于他们实现其目标的那些要素。

术前检查清单——操作行为/操作纪律效益示例

1999 年，美国医学研究所预计在美国医院中每年因不可避免的医疗错误造成 10 万人死亡；后续研究发现该数字甚至更高。医疗专业人员在其工作中增加了操作行为要素以消除不可避免的医疗错误。例如，医院采取了严格的程序以避免手术位置错误(在错误的腿上手术或者切除错误的肾脏)。

在 2007 年 10 月至 2008 年 9 月期间，八个国家的八家医院参加了世界卫生组织的"安全手术拯救生命"计划。该计划的目标是，测试旨在提高团队沟通和护理统一性的十九项手术安全检查清单的实施是否能降低与手术有关的并发症和死亡(参考文献 2.1)。

共采集了 3733 名成人病患的基准数据。引入手术安全检查清单，而且通过讲座、书面资料和直接指导的方式，为手术团队培训该清单的使用过程。然后采集了 3955 名病患的数据并与基准数据做比较。

结果清楚地证明检查清单的严格使用具有明显的好处。八家医院中，在外科手术后三十天内的死亡率平均下降一半(以前为 1.5%，之后为 0.8%)，而且住院并发症下降三分之一(之前为 11%，之后为 7%)。各家医院在经济环境、病患群体和效益效果方面差异较大。毋庸置疑，受益最大的医院是那些基线绩效最差的医院。

尽管他最初认为检查清单在很大程度上是浪费时间，其中一位该项研究的作者，Atul Gawande 博士，自愿在其哈佛大学的外科手术规范中引入检查清单的做法，而不只是说说而已。尽管哈佛大学的病患安全记录远远高于这些调研的医院，但在持续使用检查清单两年后，他现在承认："在我经历的每周外科手术过程中，检查清单都能避免发生问题"(参考文献 2.2)。检查清单可将"霍桑效应"制度化，正是因为总有某个人在监督，所以确实提高了安全绩效(参考文献 2.3)。

这些结果反映了 2004～2005 年研究的 103 个特护病房的成功案例，主要在美国的密歇根州。在那次研究中，利用一个五项检查清单减少了血液感染事故，最多降至 66%。在 18 个月研究期间，感染率的降低很可能拯救了超过 1500 条生命而且医疗费用减少了 2 亿美元(参考文献 2.4)。

操作行为/操作纪律影响总结

这些研究再次重申操作行为和操作纪律的效益不仅仅适用于一个特定活动或行业。建立有效程序并遵守这些程序可获得想要的结果——在这种情况下显著改善了病人状况。在几个主要操作行为/操作纪律要素中，检查清单减少了人为错误，包括：

- 工作团队内部沟通(手术团队)；
- 工作团队之间沟通(手术前、手术中和手术后护理人员)；
- 确保准备和使用正确的工具；
- 确保在正确位置实施正确的程序；
- 确保准确完成所有规定的任务。

"效益"概念的定义必须在企业如何评估"价值"的框架内进行，而且在本书中，我们强调改进过程安全的效益。不管是追求利润、附加值，还是追求高效服务，所有企业的经营必须遵守内部和外部要求(在决策支持模型中通常称为"约束")。美国法规要求的示例包括，美国环保署(EPA)和美国职业安全健康局

(OSHA)过程安全管理要求和美国食品和药物管理局(FDA)的药品生产质量管理规范要求。其他示例包括国际标准化组织(ISO)要求，内部安全和质量要求，法律和道德约束等。本书的主要读者从事或支持过程行业，大多数企业为以盈利为目标的公司实体。因此，下文重点阐述了在盈利经营框架内操作行为/操作纪律的价值概念和相关效益。

图 2.1 提供了一个相对简单的通用的工厂或过程"价值管理"模型示例。该模型基于卡普兰和诺顿的"平衡记分卡"方法，而且该方法结合了企业价值最大化的思路包括超过当前季度利润最大化。卡普兰和诺顿(参考文献 2.5)认为各企业可从四个方面将其愿景和策略转换成成果：(1)财务；(2)客户；(3)内部业务流程；(4)组织学习和成长。在每个方面，企业应建立长期目标，采取适当措施，设定短期目标和实施计划，以实现其目标。

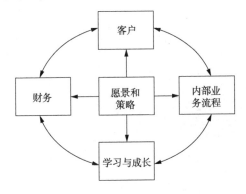

图 2.1　通用的工厂或过程价值管理模型(示例)

该模型帮助解释为什么在操作行为/操作纪律计划中进行适度投资有如此广大和影响深远的效益。采用一个操作行为/操作纪律计划的主要动机主要包括：

- 改进风险管理，减少损失、浪费和停机时间；
- 增加产品产量和质量；
- 提高客户服务水平；
- 提高遵守法律、法规、标准和政策的水平；
- 提高公司声誉。

因此，操作行为/操作纪律计划有机会为图 2.1 所示的四个结果方面增加价值。例如，操作行为/操作纪律降低了过程安全风险，因此通过避免"正常"损失(如：失控反应或火灾造成的损失和停工检修)和"非正常"损失(如：通过印度博帕尔农药厂事故、得克萨斯州克萨斯城事故以及伊利诺斯珀伊利欧雷斯事故发生后社区和股东遭受的损失)，直接提高经济效益。提高产品产量和质量有利于提高经济效益和客户满意度。操作行为/操作纪律规定的培训也有助于员工学习、接受并提高企业竞争力。当用于内部业务流程时，如过程安全管理，操作行为/操作纪律不仅有助于确保企业符合法规要求，而且确保不伤害其工人、不破坏其在客户中的名声，或者不会引起公众反对而危及企业的持续经营。

许多行业和企业已实施的系统，其价值链上包含强有力的操作行为/操作纪律要素。例如："世界级制造"是按照行业最佳做法，用于管理和经营制造企业的概念、原则、政策和技术的集体术语。它包含了日本汽车、电子和钢铁制造商在二战结束后推动经济复苏使用的许多操作行为/操作纪律原则。它主要强调持续提高质量、价格、交货速度、交货可靠性、灵活性、创新和客户服务，以获得竞争优势。

世界级制造是一种过程推动法，该方法通常涉及以下要素：
- 员工高度参与（详见6.2.2）；
- 跨专业团队（详见5.5.2）；
- 多技能员工（详见5.5.11）；
- 视觉信号（详见5.5.7）；
- 按订单生产（详见5.7.4）；
- 简化流程（详见5.5.6）；
- 第一次就把事情做好（详见6.3.4）；
- 全面生产维护（详见5.7.2）；
- 快速切换（详见5.7.1）；
- 零缺陷（详见5.5.8和5.5.9）；
- 即时活动（详见5.5.13）；
- 减少变动（详见6.2.3）。

所有这些要素含有一些操作行为/操作纪律概念，但是操作行为/操作纪律是第一次就把事情做好、实现零缺陷、按时完成工作和减少变动的基础。

高效操作行为/操作纪律计划确保公司改善经营、消除浪费和简化组织机构。仅凭这一点就可提高生产率。但是，操作行为/操作纪律计划也允许这些公司提高整个生产率，从订单获取到交货，因此降低了对库存及其相关成本的严重依赖。可以用同时进行的方法来代替按顺序完成工作的方法，以压缩时间，而且各项职能的功能和等级划分可用团队工作来代替。

操作行为/操作纪律计划的成功也在丰田生产体系中得到验证，也被称作精益生产。"基本浪费"概念最初是由一位丰田工程师大野耐一提出的，（参考文献2.6）。他观察到各工厂之间的产品存在显著差异，但在生产环节中的典型浪费问题十分类似：

- 过度生产；
- 运输；
- 不必要的库存；
- 员工利用率低下；
- 等待；
- 不合适的加工工艺；
- 不必要或过多的移动；
- 缺陷。

对于每种浪费，有一个策略可以减少或消除其对公司的影响，进而提高整体的绩效和质量。操作行为/操作纪律策略适用于上述所有八种基本浪费情况。例如，操作行为策略有助于减少过度生产、运输、不必要库存和员工利用率低下等浪费现象。操作纪律有助于减少等待、不合适加工工艺、不必要或过多移动以及缺陷等浪费情况。

一个好的操作行为/操作纪律体系可视为一种对人员表现的"控制系统"。它允许对智能人类的控制可以适当变化，仍能实现既定范围（如：安全操作限制）内的预期绩效。因此，一个强有力的操作行为/操作纪律体系的实施有助于保证企业在遵守各项要求的同时实现其价值的最大化，这是一个企业获得长期成功的标志。

2.3 操作行为/操作纪律体系的演变

纵观历史，大多数行业和企业已经认识到可靠的人员表现是其获得成功的基本要素。随着不同管理体系的开发成功，最成功的几个体系有着许多共同特征，当今被统称为操作行为/操作纪律。以下章节回顾了操作行为/操作纪律体系的历史进程。

2.3.1 在军事上的成功应用

自第一次武装冲突以来，军事指挥官认识到可靠的人员表现是取得战场胜利的关键。因此，他们开发了培训其军队、传达信息和保持行动准备的各种系统。由于失误后果严重性逐步升级，所以军事技术的每一次进步都更加强调人的可靠性。例如：一颗错误瞄准的导弹造成的后果比一颗错误瞄准的炮弹严重许多，而一颗错误瞄准的炮弹造成的后果比一只错误瞄准的箭头严重许多。由于定位失败（如："友军炮火事件"）更具破坏性，所以军事操作行为/操作纪律体系已经得到持续发展和完善。然而，核武器的发展和使用要求大幅提高组织绩效，从而防止出现任何未经授权的或意外的爆炸。

因此，为进一步降低任何核装置的失控爆炸概率，并最大限度地降低部署核武器的丢失或损坏概率，军方对其操作行为/操作纪律体系进行了改造。一个最好例子是美国海军为弹道导弹核潜艇开发的高效操作行为/操作纪律体系。这些复杂的潜艇不仅具有发射载有多个核弹头的大型弹道导弹的能力，而且采用适于航海的核动力装置。当这些潜艇于 20 世纪 50 年代在海上部署时，海军上将海曼·里科弗在将示范性操作行为/操作纪律体系制度化方面起到重要作用，确保每艘潜艇在其生命周期内维持高标准管理。海军系统尤其强调编制精确的程序和严格的使用培训。其中一条核海军准则是"逐字遵守书面程序"。美国海军没有任何潜艇因核动力装置事故而失踪和从未发生核武器丢失管理事故的悠久历史就说明了这一点。

2.3.2 在美国能源部的成功应用

由于民用企业负责开发和生产核武器，所以美国能源部及其前身机构也明白其对可靠性绩效的责任和义务。美国能源部严重关注的事故包括：核装置的意外爆炸、核武器材料的失控、违反安全规定(包括核武器开发和生产过程)、核临界事故以及失控的核泄漏事故。然而，有些最初被政府雇佣运营美国能源部设施的企业没有使用有效的操作行为/操作纪律体系，发生过一些严重的事故。

为提高企业绩效，美国能源部采用了军方操作行为/操作纪律体系的几个要素，并将这些要素应用于其核活动。1990 年，美国能源部为整个组织正式出版了其操作行为体系，该系统编号为美国能源部命令 5480.19，《美国能源部设施用操作行为要求》，第 2 次修订版(参考文献 2.7)。颁布该命令的目的是"为部门元素提供要求和导则……在开发美国能源部设施操作行为有关的指令、计划和/或程序中应用。这些要求和导则的实施将提高操作质量和统一性。"美国能源部通过一系列指导性文件，包括各种程序、说明书和手册，完成了其操作行为/操作纪律体系的实施。美国能源部最佳实践的标准指南已经公开出版，而且已在本章结尾处的补充阅读部分列出。

美国能源部工厂和行政支持单位已经声明(参考文献 2.8)操作行为/操作纪律的实施有助于他们实现以下目标：

- 正确管理和制定现成实用的程序，可提高使用并帮助确保操作活动以期望的方式进行。
- 鼓励相关管理人员重视编写、审查和监督操作程序，确保其内容在技术上的正确性以及其措辞和格式简明扼要。
- 确保影响安全相关设备和应急程序的程序由适合的工厂安全审查委员会或者其他适当的审查机制进行审查。
- 鼓励在出版之前和定期对程序进行有效审查，确保其信息和说明在技术

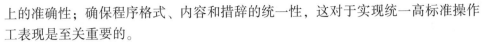

上的准确性；确保程序格式、内容和措辞的统一性，这对于实现统一高标准操作工表现是至关重要的。

- 确保在编制程序时考虑其使用目的的人为因素内容。
- 确保在程序中突出重要因素(如：操作范围、警告、注意事项等)。
- 确保程序吸收了相关源文件的适当内容。
- 确保正确识别了程序的参考文件。
- 确保不误用过时的程序和更换工作副本。
- 鼓励操作活动展现出安全目标和生产率目标的一致性。

美国能源部多样化和不断变化的设施、使命和文化也在不断挑战其操作行为/操作纪律体系。事故仍然发生，企业间共享经验教训，并不断完善着操作行为/操作纪律体系。然而，操作行为/操作纪律体系自实施以来已经成功减少了事故的数量和严重性。

2.3.3 在航空工业的成功应用

在 20 世纪上半叶，航空工业从主要军事领域扩展到民用领域(航空客运和货运)。然而在 1947 年，美国航空公司平均每 60 天发生一次死亡事故，这导致公众严重不信任航空业。因此，商务航空公司迫切需要提高其安全绩效以吸引乘客和满足公众安全预期。

在商务航空公司中采用许多个人和公司的军事经验，推动了商务航空公司开始接受操作行为/操作纪律原则。由于许多事故源于设备故障，所以最初的重点是完善飞机维修和机械制造规范。后来，重点工作转移到操作程序、通信、引航员和机组培训以及团队资源管理方面。这些努力已经获得引人注目的成功。从2001 年到 2006 年，在超过 1600 天的时间内，美国仅发生一起商务航空伤亡事故。从 1947 年到 2009 年，死亡率从每 10 亿乘客–英里航段死亡 50 人下降到0.05 人(参考文献 2.9 和参考文献 2.10)。因此，尽管偶尔发生悲惨事故，综合的操作行为/操作纪律体系在航空工业中应用的结果仍是一个令人羡慕的运输安全记录(乘客–英里服务)。

2.3.4 公用工程行业的成功应用

核能商业化在其从军事转化到民用的过程中遵循了与航空业相同的轨迹。在1953 年的《和平利用原子能》的讲演中，美国总统德怀特·艾森豪威尔提出了利用原子能造福人类的设想。然而，电力公用工程中的许多人认为核反应堆只是一个像燃煤或燃气锅炉一样的新型热源，他们未能意识到需要一个高度可靠性的组织来成功利用核能。

最初，主要问题是可靠性。由于核电厂经常出现很多非计划停车和运行中断，所以可能成为"太便宜"的电力当时并不具备成本竞争力。然而，1979 年在三英里岛核电厂发生的事故证明，核事故威胁公共安全的后果可能具有经济毁灭性，无论对核电厂业主还是对核电行业。

因此，1979年成立了核电运行研究所(INPO)以促进最高水平的安全和可靠性——从而促进核电厂的卓越运营。最早目标之一是实施或完善核电厂操作行为管理体系。随着不同公用工程实施了核电运行研究所提供的示范性方案，这些项目的价值变得显而易见(参考文献2.11)。从1980年到1990年，核反应堆的平均紧急停车(快速停车)数量下降80%(每座反应堆每年7.4次下降至1.6次)。从1985年到1990年的五年期间，安全系统的启动次数下降60%(每座反应堆从每年启动2.74次下降至1.05次)。核电厂平均开工率(理论年产最大电力输出的分数)从20世纪70年代约60%上升到2000年以来的90%。各电厂常规设定的运行记录为连续运行700天以上而且开工率达到100%。

有效操作行为方案的成功实施和保持已经成为防止事故发生的关键要素之一，而且使得核能发电成为最便宜的方法之一。考虑到他们在核电应用中取得的成功，许多电力企业计划实施操作行为/操作纪律体系以提高其他发电和配电设施的可靠性。

2.3.5 在过程工业的成功应用

化工厂、炼油厂和许多其他过程设施通常使用和/或生产有害物料。这些过程通常涉及在高压和高温下发生的可控的化学反应。工厂经理很久以前就认识到需要利用可靠人员表现降低失控反应、火灾、爆炸或有害物质泄漏的风险。然而，行业做法有很大差异，取决于企业的风险容忍度。

美国杜邦公司(杜邦)建立于1802年，其核心价值是认识和管理与其过程有关的危害(参考文献2.12)。该公司早期在白兰地河生产火药，杜邦公司早就认识到人为错误可能造成严重的安全和经济后果。杜邦公司将其安全"规则"形成文件，因此每个人可获取并作为标准参考。然而，分别于1815年和1818年在白兰地工厂发生的爆炸事故证明，严格遵守安全规则的重要性。该公司历史上早些年的经验教训如今体现在其现行过程安全计划中的众多要素中，包括：

- 操作行为策略；
- 安全操作规范；
- 培训；
- 事故调查；
- 开车前安全审查；
- 应急响应；
- 操作纪律。

从化学品爆炸到现在的多元化生产，杜邦公司通过在世界各地的工厂里建立

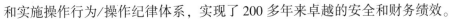

和实施操作行为/操作纪律体系，实现了 200 多年来卓越的安全和财务绩效。

然而，行业中的其他企业很少做到这样彻底的操作行为/操作纪律承诺。随着工业装置规模和复杂性的不断增长，人为错误和组织失效的潜在后果也在增长。在英国 Flixborough、意大利 Seveso 和印度博帕尔一系列重大事故之后，过程工业与核电行业一样也逐渐认识到重大事故的后果远远超出特定设施的边界。这也推动了各行业协会，如 ACC 和美国石油学会(API)，以及专业组织机构[如美国化学工程师协会(AIChE's)的 CCPS]积极帮助其成员改进过程安全绩效。

例如，责任关怀®是一个全球性倡议，当前有五十多个国家协会支持，他们共同致力于推进化学产品和过程安全管理。参与责任关怀®是 ACC 成员企业的强制性要求，所有这些成员企业的 CEO 已对支持如下要素做出了承诺：

- 测量和报告绩效；
- 实施责任关怀®安全规范；
- 利用现代责任关怀®管理体系实现和验证成果；
- 获取按照专业标准实施和运行管理体系的独立认证。

监管机构也对生产、储存或使用有害物质的企业提出了新的要求。在 1974 年英国 Flixborough 事故发生后，英国健康与安全执行局组织制定了第一个目标导向的过程安全法规。欧盟于 1982 年正式通过了关于特定行业的重大事故危害的理事会指令 82/501/EEC (通常被称作 Seveso 指令)，美国职业安全健康局(OSHA)于 1992 年颁布了高度有害化学品过程安全管理的监管要求(29 CFR 1910.119)。

因此，许多企业转向使用操作行为/操作纪律，以帮助他们在满足行业和法规要求的基础上实现其自身目标。如：杜邦公司、陶氏化学公司(Dow)在实施有效操作行为/操作纪律领域有着悠久的历史。1964 年，陶氏化学公司第一次出版了火灾和爆炸指数(参考文献 2.13)，其在损失控制信用因素中正式承认了操作纪律一项。具体内容是，"一个完全书面的操作纪律(系统)是确保一个单元得到良好控制的重要组成部分。"陶氏化学公司的最新操作行为/操作纪律体系主要体现在以下三个方面：

(1) 共同管理体系

a. 管理层责任；

b. 规划；

c. 实施和运行；

d. 检查和纠正措施；

e. 管理体系审核。

（2）ACC 责任关怀®（环境健康安全［EH&S］）

a. 社区意识和外延；

b. 分配和物流；

c. 环境健康安全工程/设计和控制；

d. 应急准备和响应；

e. 员工健康和安全；

f. 非公司服务；

g. 污染预防；

h. 过程安全；

i. 产品监管；

j. 安保。

（3）设施运行

a. 运行可靠性；

b. 过程控制；

c. 过程信息；

d. 过程技术；

e. 操作设施；

f. 按计划生产/记录生产数据；

g. 授权。

在塞拉尼斯公司（赛拉尼斯），操作行为/操作纪律体系也旨在支持其在全球范围内实现最高的安全、个人行为和业务诚信标准的承诺（参考文献 2.14）。通过实施操作行为/操作纪律体系，赛拉尼斯已实现以下其内部制定的目标：

• 不管做任何事，必须遵守安全第一的要求；

• 在任何情况下必须公开和坦诚地交流；

• 在工作期间主动保护自己、他人和环境；

• 遵守商业道德和个人行为的最高标准。

基于正式使用操作行为/操作纪律体系的公司成功的经验，美国化工过程安全中心（CCPS）确认操作行为（COO）是 RBPS 管理体系的一个基本要素。基于风险的过程安全（RBPS）指南（参考文献 2.15）规定了二十个 RBPS 要素而且将其归类纳入过程安全的四大原则（对过程安全的承诺，理解危害和风险，管理风险、吸取经验教训）。操作行为/操作纪律要素包括在管理风险原则范围内。RBPS 指南第 17 章简要介绍了操作行为要素的主要原则和基本特征，而且列出了与该要素相关的 50 多种潜在工作活动（与实施选项有关），以及提高该要素效率、指标的各种方法和与该要素相关的管理评审活动。

2.4 总结

一个有效的操作行为/操作纪律体系有助于最大限度地提高一个企业对其所有利益相关方的价值。操作行为/操作纪律强调改进人员表现-作为一个个人和作为一个企业-通过设定明确的期望而且始终按照这些期望执行任务。换句话说，它有助于建立言行如一的企业文化。许多不同行业和企业已经实施了操作行为/操作纪律体系，而且企业绩效也因此普遍得到了提高。有效操作行为/操作纪律体系已验证的效益包括：

- 减少意外事件的发生频率，如：人身伤害、物料泄放、火灾、爆炸、计划外停车和质量缺陷。
- 减轻组织/工厂/过程生命周期内的意外事件的后果。
- 提高企业团队成员和利益相关方对目的、价值、动机和幸福的认识。
- 提高和保持高水平的盈利能力、安全、质量和附加值。
- 提高和保持对政府部门和非盈利企业的高水平服务、安全、质量和附加值。
- 提高和保持企业团队成员的高水平生产力。
- 提高和保持高水平的过程安全管理系统有效性。
- 始终保持高水平的程序意识和合规性。

2.5 参考文献

2.1 Haynes, Alex B., M. D., M. P. H., et al., "A Surgical Safety Checklist to Reduce Morbidity and Mortality in a Global Population," *The New England Journal of Medicine*, Massachusetts Medical Society, Waltham, Massachusetts, Vol. 360, No. 5, January 29, 2009, pp. 490-499.

2.2 Gawande, Atul A., M. D., M. P. H., "Checklist for Surgery Success," National Public Radio interview, January 5, 2010.

2.3 Gawande, Atul A., M. D., M. P. H., et al., "Correspondence-A Surgical Safety Checklist," *The New England Journal of Medicine*, Massachusetts Medical Society, Waltham, Massachusetts, Vol. 360, No. 22, May 28, 2009, pp. 2372-2375.

2.4 Pronovost, Peter, M. D., Ph. D., et al., "An Intervention to Decrease Catheter-Related Bloodstream Infections in the ICU," *The New England Journal of Medicine*, Massachusetts Medical Society, Waltham, Massachusetts, Vol. 355, No. 26, December 28, 2006, pp. 2725-2732.

2.5 Kaplan, Robert S., and David P. Norton, *The Balanced Scorecard: Translating Strategy Into Action*, Harvard Business School Press, Boston, Massachusetts, 1996.

2.6 Ohno, Taiichi, *Toyota Production System: Beyond Large-Scale Production*, Productivity, Inc., Portland, Oregon, 1988 (English translation of *Toyota seisan hōshiki*, Diamond, Inc., Tokyo, 1978).

2.7 U. S. Department of Energy, DOE Order 5480. 19, Change 2, *Conduct of Operations Requirements for DOE Facilities*, Washington, D. C., October 23, 2001.

2.8 Collins, S. K., and F. L. Meltzer, *Document Control and Conduct of Operations*, Idaho National Engineering Laboratory, EG&G Idaho, Inc., Idaho Falls, Idaho, 1993.

2.9 Air Transport Association of America, Inc., *Statement before the Aviation Subcommittee of the Senate Commerce Committee*, Washington, D. C., April 10, 2008.

2.10 International Civil Aviation Organization, "2006 International Civil Aviation Day Focuses on Aviation Safety and Security to Preserve Growing Benefits of Air Transport," Montreal, Canada, December 1, 2006.

2.11 International Research Council, Commission on Engineering and Technical Systems, *Nuclear Power: Technical and Institutional Options for the Future*, National Academy Press, Washington, D. C., 1992, p. 56.

2.12 Klein, James A., "Two Centuries of Process Safety at DuPont," *Process Safety Progress*, American Institute of Chemical Engineers, New York, New York, Vol. 28, Issue 2, June 2009, pp. 114-122.

2.13 American Institute of Chemical Engineers, *Dow's Fire & Explosion Index Hazard Classification Guide*, 7th Edition, John Wiley & Sons, Inc., Hoboken, New Jersey, 1994.

2.14 Celanese Corporation, *Sustainability at Celanese 2008*, www.celanese.com/ sustainabilitv_report 2008.pdf.

2.15 Center for Chemical Process Safety of the American Institute of Chemical Engineers, *Guidelines for Risk Based Process Safety*, John Wiley & Sons, Inc., Hoboken, New Jersey, 2007.

2.6 补充阅读

- DOE – STD – 1030 – 96, *Guide to Good Practices for Lockouts and Tagouts*, 1996.
- DOE-STD-1031-92, *Guide to Good Practices for Communications*, 1992.

- DOE−STD−1032−92, *Guide to Good Practices for Operations Organization and Administration*, 1992.
- DOE−STD−1033−92, *Guide to Good Practices Operations and Administration Updates through RequiredReading*, 1992.
- DOE − STD − 1034 − 93, *Guide to Good Practices for Timely Orders to Operators*, 1993.
- DOE−STD−1035−93, *Guide to Good Practices for Log keeping*, 1993.
- DOE−STD−103 8−93, *Guide to Good Practices for Operations Turnover*, 1993.
- DOE−STD−1039−93, *Guide to Good Practices for Control of Equipment and System Status*, 1993.
- DOE − STD − 1040 − 93, *Guide to Good Practices for Control of On − shift Training*, 1993.
- DOE − STD − 1042 − 93, *Guide to Good Practices for Control Area Activities*, 1993.
- Gawande, Atul, *The Checklist Manifesto: How to Get Things Right*, Metropolitan Books, Henry Holt and Company LLC, New York, New York, 2009.
- Institute of Nuclear Power Operations, *Guidelines for the Conduct of Operations at Nuclear Power Stations*, Atlanta, Georgia, 2001.
- Institute of Medicine, Committee on Quality of Health Care in America, Linda T. Kohn, Janet M. Corrigan, and Molla S. Donaldson, eds., *To Err is Human: Building A Safer Health System*, National Academy Press, Washington, D. C., 2000.
- Rees, Joseph V., *Hostages of Each Other: The Transformation of Nuclear Safety Since Three Mile Island*, The University of Chicago Press, Chicago, Illinois, 1994.
- Zhan, Chunliu, M. D., Ph. D., and Marlene R. Miller, M. D., M. Sc, "Excess Length of Stay, Charges, and Mortality Attributable to Medical Injuries During Hospitalization," *The Journal of the American Medical Association*, American Medical Association, Chicago, Illinois, Vol. 290, No. 14, October 8, 2003, pp. 1868−1874.

3 领导层的职责和承诺

3.1 简介

管理层承诺是迈向实施有效操作行为/操作纪律体系的第一步。但是，与其他管理措施不同，该措施不能简单地分配预算并委托他人实施。雅虎 CEO Carol Bartz 发现："在管理和领导之间存在真正差别……管理强调按照任务分配资源。领导强调……帮助人们取得成功。"真正有效的操作行为/操作纪律体系从顶层开始，即：高层管理人员为下级员工示范应效仿的行为。本章阐述了启动和保持有效操作行为/操作纪律体系所需要的持久的领导层承诺，以及一个企业为完善其操作行为/操作纪律体系所可能采取的步骤。本章内容应该由正在考虑是否将操作行为/操作纪律增设为或恢复为其整个安全管理体系要素之一的管理人员阅读，也适合打算建立该系统的人员阅读。

正如《基于风险的过程安全指南》一书描述的（参考文献 3.1），操作行为是全面过程安全管理计划中二十个推荐要素之一，该计划全部内容需要高层管理人员的关注。操作行为与其他基于风险的过程安全（RBPS）要素紧密交织在一起，如：操作程序和变更管理，而且对操作行为的遵守（即：操作纪律）不仅体现了企业文化，还对企业文化产生影响。企业依靠操作纪律来保证工程与管理屏障的有效性，从而有效避免事故的发生。因此，操作纪律推动了系统可靠性，操作行为推动了操作纪律的实施；所以，上层管理人员必须推动实施操作行为以实现所期望的总体安全绩效目标。

3.2 利用操作行为/操作纪律成就伟大事业

在标题为《从优秀到卓越》一书中（参考文献 3.2），吉姆·柯林斯描述了其团队研究发现的优秀公司转变为卓越公司的共同特征。他将该转变描述为一个先积累后突破的过程，该过程有三个不同的阶段：

（1）遵守纪律的人；

（2）遵守纪律的思想；

（3）遵守纪律的行动。

英国北海 Piper Alpha 灾难——体现领导层承诺重要性的示例

Piper Alpha 是西方石油（加勒多尼亚）有限公司（西方）经营的一座北海石油生产平台，该平台于 1976 年开始生产石油，后来经过改造也能生产天然气。1988 年 7 月 6 日发生了爆炸并引起火灾，因此导致 167 人死亡。投保损失总额约为 17 亿英镑（34 亿美元）。迄今为止，从死亡人数方面看，这是世界上最严重的海上石油灾难。

事故说明

这次灾难从常规维修活动开始。在备用凝析油泵本身被隔离进行大检修的同时，需要对这台泵上一台压力安全阀（PSV）进行测试。该项测试在下午6：00 时仍未完成，因此工人们得到允许可在第二天完成剩余测试工作。他们用一块盲板将打开的法兰盖住，但未将该项未完成的工作通知给操作人员。

发生事故前的 Piper Alpha 平台

后来在晚上（约 9：55）夜班期间，主凝析油泵故障停车。所有夜班人员都不知道压力安全阀维护工作未完工，而且也没有对两个作业许可进行过相互对照检查。在不知晓 PSV 测试工作进展的情况下，操作人员反转了备用泵的电气隔离并启动了该泵。然而此时工人看不到缺少了压力安全阀，而且盲板也不能密封高压气体。

泄漏的气体大约在晚上 10：00 开始燃烧。爆炸撕裂了户外的防火墙，火势开始蔓延，不久以后大量储存的石油开始燃烧并失去控制。为防止潜水者意外被吸入泵入口，自动喷水系统之前已被临时禁用，但事故发生时却没有人在消防水泵控制室值班。因此当火灾发生后，工人已经无法接近值班房去打开该系统。

尽管国际遇险无线电呼救信号已经从阿尔法平台发出，但火焰冲击仍然对从其他平台源源不断输送天然气的立管产生着不良影响。这些直径 24～36 英寸的钢管内的易燃气体压力达到 2000psig。在第一次爆炸后大约 20min，立管爆裂并急剧扩大了火灾规模。

舱室区没有设置烟雾防护设施，火情变得很槽，有些人判定唯一逃生办法是立即撤离平台。然而，烟雾和火焰阻挡了通往救生艇和直升飞机平台的所有道路。绝望之下，他们跳入冰冷的海水中希望通过船舶营救。62 位工人因此得救；而其他大部分工人共 167 人死于舱室区的一氧化碳和烟雾。

发生事故后的 Piper Alpha 平台

操作行为/操作纪律影响总结

柯林斯关于 Piper Alpha 事故的报告激烈批评了西方石油公司的管理，该报告指出管理层承诺仅为"表面性"的，而且导致很差的做法和无效审核。因此造成操作行为和操作纪律双双无效。

未严格设计的作业许可过程体现了薄弱的操作行为/操作纪律体系。未能通过依靠相同的电气和机械锁定方法进行交叉作业活动许可，导致系统易受到沟通障碍的影响。

沟通不畅是导致出现这些灾难的主要根源，这是一个无效操作纪律的典型例子。这在以下情况中尤为明显：（1）检修人员未能通知操作人员压力安全阀测试还未完成；（2）检修人员未能通知操作人员消防泵被禁用；（3）Piper Alpha 工人的事故逃生和撤退指导不足；（4）阿伯丁高层管理者、平台操作人员和现场紧急响应人员之间紧急沟通不充分。

未能停止互连平台上的生产，导致事故加速发展和恶化。缺少上层管理人员对操作行为中安全的公然承诺和未能（在晚上 10：00）得到上层管理人员的停车许可，在邻近平台上的经理宁可维持生产而继续泵送石油和天然气至 Piper Alpha 平台上的管线，也没有停车帮助管线减压。

未正确实施常规安全审核。当发现重大问题时，通常不予理睬。通过这种不作为，管理人员明确表示其对操作行为不感兴趣，而且因此即使存在问题也很少提出（参考文献 3.3）。

实际上，企业领导层必须对这种转变做出承诺，制定正确有效的管理体系，并且保证这些体系得到严格执行。柯林斯利用经济目标作为其实现"伟大成就"的标准，但大多数原则也适用于那些将其企业转变为实现伟大过程安全目标的人。

3.2.1 遵守纪律的人

柯林斯描述了将极度个人谦逊和强烈职业意志复合在一起的第五级领导者。其他人将其称为"服务型"领导者。"第五级领导者"是一个优秀企业转变为一个伟大企业的首要和最基本要求。打算实施操作行为/操作纪律体系的管理者通常从伟大企业的梦想开始，梦想如果其员工将事情做对该多好。不幸的是，那些管理者注定会感到失望的，因为他们认为操作行为/操作纪律适用于他们的下属而不是他们个人。

第五级领导者的志向是引导企业、工人和社会走向成功，而非他们的个人荣誉。因此，第五级领导者认识到企业若想达到伟大的目标，对于那些他们想让其他人接受的操作行为/操作纪律的原则，他们必须自己接受并勤勉遵循。反过来，他们将操作行为/操作纪律看作企业成功之路，纠正他们自己的行为，并为他人做出榜样。这种层叠效应会快速将操作行为/操作纪律传遍整个企业的各个角落，从会议室到车间。第五级领导者公开证明其对过程安全的承诺，是"基于风险的过程安全管理体系"四大"原则"之一。正如中国军事家孙子所言："先之以身，后之以人，则士无不勇矣。"

不幸的是，大多数人仍不思改变。事情"足够好"，就像他们自己一样"什么都不缺"，没有必要开启一段漫长又艰辛的旅程。因此，有远见领导者直面的挑战是选择谁加入他们的旅行。毋庸置疑，企业中有许多优秀的人仅需简单说服就可以脱离他们不思进取的安乐窝。解释企业目标、解释操作行为/操作纪律如何帮助他们实现目标、展示管理层对操作行为/操作纪律的承诺，以及奖励通过操作行为/操作纪律获得成功的人，这些将会吸引那些抱有怀疑态度的人。然而，有些人可能不愿意或不能够接受操作行为/操作纪律的理念并付诸于日常行动。尽管这些人有才能或者过去有过贡献，但他们必须通过劝说要么参加，要么被取代；否则，他们将会使我们的整个努力付诸东流。

> 当美国海军转而使用核动力潜艇时，一个老兵水手派系保持着"永远使用柴油船"的态度。但是，他们维持旧柴油机运行状态所展现出的聪明才智，正好与核潜艇规定的操作纪律完全相悖。拒绝采用和接受操作纪律的那些人已经退休、调任或留在岸上。

贝金汉姆和科夫曼(参考文献3.4)也强调选择正确人员和分配正确角色的重要性。他们二人和柯林斯得出相同但有些悲观的结论：人们不想改变太多，因此无法对错误的人进行重新塑造，从而落实与他们个人价值体系不同的操作行为/操作纪律策略。因此，获得长期成功的关键是，对处于操作行为/操作纪律体系中的新员工进行思想灌输，从而使这一点成为他们工作预期的一部分，并且这些工作预期随着时间的推移不断强化，使得操作行为/操作纪律成为他们工作经验中不可或缺并十分成功的一部分。

一旦具有合适的知识、技能和能力的人被选中并在企业任职，则他们将成为推动实施操作行为/操作纪律体系的引路人。他们真正相信操作行为/操作纪律是企业迈向成功的一个途径，而且他们愿意承诺执行这一体系。然而，操作行为/操作纪律不是一个"一刀切"的体系。当然，该体系的基本原则是必须贯彻到企业的各个角落，但是不同工作环境和工作团队所需的具体体系不可避免地将会在细节上存在差异。尽管如此，由做出承诺的人决定如何在其工作领域中最有效地实施操作行为/操作纪律，是通向成功的必然途径。

一个操作行为/操作纪律体系的最终成功需要管理层的持久承诺。操作行为/操作纪律不会一夜之间就能取得成功，而且在前进的道路上还会遇到许多挫折。因此，管理层在宣布引入操作行为/操作纪律体系时最好不要过度吹嘘和夸大目标。最好的方法是从简单开始。制定一些适度、可实现的目标，以及用于衡量工作进度的体系。执行操作行为/操作纪律原则，并且用结果说话。

第五级领导者关注于努力提高其自己的绩效，而不是责备他人的失败。成功实施操作行为/操作纪律体系要求克服一个企业的巨大惯性。按照牛顿第一定律，一个静止的物体倾向于保持静止状态。因此，管理层最初使得操作行为/操作纪律起步的努力可能很少获得外在的改进迹象。但是，最初用力推进一些，就会取得一些成功。

然后，管理层必须向所有员工展示操作行为/操作纪律如何使得每位员工和整个企业受益，从而进一步巩固这些初步的成功。作为团队胜利的一份子，人们通常希望得到经济和精神奖励，因此成功的记录会吸引其他人主动加入该项计划，并承诺致力于进一步的成功。也可利用从操作纪律得到的经验教训(包括严重事故，如：失去一个同事)刺激员工认真执行操作行为/操作纪律。在任何一种情况下，可借用牛顿第二定律，操作行为/操作纪律实施的加速度与施加的作用力成正比。柯林斯将此称作"飞轮效应"而且承认该计划的全面成功体现了每个人努力的累积效应。管理层的承诺是一个必要的步骤，但其本身不足以实现企业的各项目标。

3.2.2 遵守纪律的思想

遵守纪律的思想始于一个可实现的目标以及坚定不移地对该目标做出奉献。操作行为/操作纪律是否会明显提高企业的基本经济效益？如果否，则企业能否保持有效实施的长期承诺是值得怀疑的。然而，金钱本身不可能俘获一线工人的心意，因为他们只能看到必须付出的努力相对于物质奖励之间存在着遥远的且似有似无的关系。

因此，管理层需要做出长期实施操作行为/操作纪律的承诺并将其作为实现企业热切关心的目标的一种手段。管理层必须确定企业的核心价值，以此启动遵守纪律的过程。这些思想将变成行动，而且不断重复的行动将变成每天工作行为

中的习惯。优秀运动员采用一个类似的过
程来对打破记录的表现进行设想和培训。
例如，许多企业已经接受了零工人伤害、
零公众伤害或零环境破坏事故的目标。如
果这是他们核心价值的一种体现，则操作
行为/操作纪律提供了一种测量该目标及其
经济目标实际进程的实用方法。然而，如

遵守纪律的思想

(1) 确定目标；
(2) 承诺达成；
(3) 评价现状；
(4) 正视现实；
(5) 重复直到实现目标。

果支持这样一个目标只是一个口号，则实施操作行为/操作纪律的努力将可能成
为泡影。

　　遵守纪律的思想不是一厢情愿。管理层必须愿意正视企业当前现状的现实。
究竟是什么促使企业考虑实施操作行为/操作纪律？在其经济财富中是否存在严
重低迷时期？市场上是否存在破坏其名誉的质量问题？是否发生过导致工人或邻
居死亡的重大事故？管理层对该类重大伤感事故的创伤后反应是抓住可能解决当
前危机的某事和任何事，而且在理想情况下，防止其再次发生。不幸的是，操作
行为/操作纪律不是一个"权宜之计"类型的计划。虽然危机可以为操作行为/操
作纪律走向正轨提供初始动力，但是这需要管理层的持续努力（正如前文所述）
来实施和维护它。

　　因此，要求对企业当前状况进行客观评价。或许劳动者和管理层的冲突由来
已久，而且工人怀疑操作行为/操作纪律只是将来用来责备他们问题的另一种管
理策略；或许企业可能缺少现金流和因事削减支出；或许企业以在任何情况下都
能圆满完成工作的悠久历史感到自豪。只有让管理层发现和接受当前现状的事
实，才能使其正视现实和努力开创新的未来。

　　如果管理层真正接受遵守纪律的思想这一过程，那么企业现状则变成为实现
公司目标所制定的改进计划的起点。如果企业曾有劳动者/管理层冲突的历史，
则操作行为/操作纪律体系特别需要解决保证每个员工恪守同一个标准的问题。
如果财务制约为现实问题，则初始操作行为/操作纪律计划必须重视少花钱实施
该项计划的思路，如：改善沟通和清洁作业。如果完成工作为现实问题，则操作
行为/操作纪律必须包括改革管理体制，用于平衡风险和报酬而且不会因此过于
难以负担。

　　"我们的情况是事实，但它不能决定我们的未来。只要对实现我们的伟大目
标有利，我们愿意做任何需要的事情。我们愿意承诺实施有助于我们实现长期目
标的一系列大步骤和小步骤，不管在实现目标的过程中遇到任何挫折。"该声明指
出管理层愿意听取毫无掩饰的真相，而且制定公司朝向其目标迈进的各项计划。
这种坦诚的做法将在长期运行期间产生更加可靠的决策，而且有利于促进操作行

为/操作纪律的成功实施。

勇敢地面对无情的事实可能出现不良后果，但事实并非如此。如果将正确的人安排到一个关键岗位，坦诚的态度将激人奋发，而不是令人沮丧。这些人因面对挑战而更加兴奋，尤其是当老板承认实现目标比较困难时。任何认为不太难的事情将被理解为幼稚、虚伪或显示优越感。

3.2.3 遵守纪律的行动

随着操作纪律文化遍布到企业的每个层次，这为从突破现状到实现宏伟目标这一过程做好了准备。这是操作行为/操作纪律真正物有所值的地方。许多企业因员工能力不足和不守纪律的行为而发展成巨大、笨重和奢侈的官僚机构。相反的是，操作纪律是指在执行过程中对有纪律的行为的一种承诺。管理人员和工人在实现其承诺方面绝对相互信任而且在没有尽责时承担相应责任。因此，一个真正有效的操作行为/操作纪律体系不会妨碍创新和效率，而且实际上它会提高创新和效率。（请参考第 7 章中的 NUMMI 示例）。遵守纪律的人是主动做事的人而不需要微观管理，更不用说庞大、窒息官僚作风带来的负担。这种官僚作风不仅需要支出高费用，而且它还会赶走最好的工人。遵守纪律的人希望被当作成人来对待，而不是被当作孩子。

遵守纪律的思想重视解决问题。遵守纪律的行动确保上层管理人员集中精力寻找商业机会而不是实施更严格的控制措施。遵守纪律的思想和行动的目标是在既定框架内鼓励创造力和承担责任。例如，一家医院建立了提供医疗服务的框架。虽然医生的工作希望在科学、道德和法律框架内进行，但他们可自由开出他们认为对每位患者最有效治疗方案的药方。每个人（医生、护士、看护、厨师、管理员等）都负有相应的责任，不仅仅是在工作上。当他们的集体决策和行动创造了优质健康成果时，他们所在医院就有了一个伟大医疗结构的声誉。

然而，纪律本身不会保证创造伟大的成果。有纪律地实施一个有缺陷的计划是徒劳的。例如，如果点蚀或开裂是主要失效模式，则严格监控平均腐蚀率不能保证机械完整性。目标是让遵守纪律的人员进行严谨的思考，然后在一个正式系统内采取行动。一种可对纪律进行自我维持的文化授权员工利用其技能和知识每天做好自己的工作。这有助于企业维持自身活力和克服逆境。

3.3 领导层在制定操作行为/操作纪律体系方面的作用

操作行为/操作纪律为企业提供许多安全、环保和经济效益。然而，本书的主要目的是提高过程安全绩效，因此我们将重点阐述管理层在这一方面的作用。

任何操作行为/操作纪律体系的目的是在企业核心价值框架内可靠地完成企

业的任务。因此，上层管理人员最基本的职责是：
- 确认价值观与企业愿景一致；
- 将价值观转化为经营原则；
- 制定符合这些原则的政策；
- 将各项政策传达到整个企业；
- 始终坚持以这些政策为基础的业务标准和规范。

为实现过程安全目的而实施操作行为/操作纪律，要求上层管理人员声明企业对人员安全和环境质量的重视，以便将这些价值观植入业务标准及做法，从而指导个人行动。

为了安全而不考虑企业生存，这立即会使企业陷入困境。任何人类活动都涉及一些风险因素。虽然说设定零人身伤害是值得赞扬的，但是如果企业重视人的生命高于一切，则发生交通事故的可能性将阻止员工去上班或者提供货物和服务。提供一个安全工作场所、保护公众安全、和/或最大限度地减少对环境的影响，允许企业在持续发展的前提下完成其使命。面对企业确实接受一些风险而且为其员工、团体和投资者提供利益的现实，上层管理人员必须制定企业可以达到的现实风险容许准则。而后对持续改进的类似承诺(如：降低风险)为企业指明了实现卓越安全和环保绩效长期目标的途径。

因此，实施操作行为/操作纪律体系(详见第7章规定)是管理层确保企业价值观植根于其日常活动中的一个务实方式。即使已经制定了优秀的管理体系，操作纪律也是确保实现良好绩效的必需要素(即：遵守包含优秀管理体系的各种程序)。完善操作纪律会对企业经营的所有方面(质量、可靠性、盈利性、声誉、职业安全、环境影响等)和过程安全产生积极影响。

3.3.1 明确定义期望

在《爱丽丝漫游奇境记》中的柴郡猫是这样描述的："心中无路，则无处不达。"与爱丽丝一样，管理层如果想到某个地方，柴郡猫会鼓励他说："噢，当然，你总能到达个地方……只要你走得足够远。"

在没有一个明确目标的条件下试图实施一个操作行为/操作纪律体系，与《爱丽丝漫游奇境记》非常相似。为避免到达某个地方即戛然而止，管理层必须明确该体系的预期目标。否则，每个股东对成功的定义和终点线所在方向都会有自己不同的想法。这就像一群孩子被要求画一条狗，每个人想象的动物都完全不同，从圣伯纳德到吉娃娃。管理者必须描绘出一个成功的愿景——看起来像什么、感觉像什么、听起来像什么、尝起来像什么，闻起来像什么。每个员工必须对企业承诺实现的最终目标有相似的认识，从而使每个人都为实现这个共同的目标而努力。过程虽然艰辛，但却至关重要。

41

首先管理层必须决定企业的目标(愿景)是什么？该愿景是企业未来理想状态的阐释——渴望成为什么。它必须是现实的吗？虽然该愿景可能很难实现，但应认为如果企业履行了其宗旨，则愿景是可能实现的。然后管理层必须确定企业现在已走到了哪里(现实)。这需要进行艰辛的工作、研究和自我检查。最好的方法是对问题采用一些系统性评价(如：事故调查、文化调查、大会或可能的审核)。然后将发现的问题输入系统性操作纪律评估，如：第7.5.3节介绍的管理体系成熟度模型。

最终，管理层必须建立一个从目标到现状的倒推步骤。由此制定各项期望——作为完成使命途中可识别里程碑的SMART目标(比如，至今年年底前，使逾期维修检查次数减少10%)。SMART目标可帮助人们将宏伟蓝图分解为一系列可以完成的管理步骤。

这些目标必须合理处理已知障碍。例如，在程序未制定或者已制定的程序是错误或超期的情况下，希望工人立即开始遵守程序是荒谬可笑的。因此短期目标可能是建立一个工作团队来编写或更新程序并在六个月内生效。然后在培训相关业务部门的员工及开始更加严格遵守这些程序的

> **SMART 目标**
> √ 具体的
> √ 可测量的
> √ 可实现的
> √ 相关的
> √ 有时间限制的

同时，其他业务部门也开始编写或更新其内部程序。不可避免的是，可能会出现意料之外的问题。关键人员可能离开，经济条件可能发生变化，或者可能发生重大事故。如果目标对企业真的很重要，则管理层必须保持承诺而且像一位在海上遇到风暴的船长一样不屈不挠。他的目标是按期交付货物。他可能必须在风暴中航行或者未雨绸缪而且克服困难，但他将经历风暴。

目标必须带有清晰的优先顺序，确保员工解决复杂、多方面目标中的矛盾时有先后顺序。按期交付货物更重要还是保护船舶更重要？答案好像很明显，但皇家邮轮泰坦尼克号和托里坎荣号的海难事故(参考文献3.5)是将按计划航行优先于轮船安全造成的海难事故。同样，承诺按期完成高于安全承诺，在1986年挑战者号航天飞机爆炸中起到了关键作用。由于管理层针对操作行为/操作纪律的实施提出了目标，所以必须明确哪些目标具有优先权。该优先层次必须定期重申而且通过行动强化其有效性。

3.3.2 明确定义可接受的范围

操作纪律的目标是确保与已制定的操作行为体系无偏差，详见第5章所述。因此，必须明确"偏差"的定义，偏差是不能接受的，而"变化"，则是正常、预期和可容许的。应明确可接受的范围，保证工人的操作结果符合其目标，而不是

符合一些完美的、随意的标准。例如，规定填写日志应使用黑色墨水，那么训斥那些越矩使用蓝色墨水的人的做法则是错误的。管理层将因此被认为对执行吹毛求疵的规则更感兴趣，而不是更加重视工作安全和效率。另一方面，在执行任务时要求工人填写检查表，但容忍那些在检查表上留下空白的人，也是一个错误，因为这样做会导致工人认为你反复无常。实际情况是在这些极端做法之间，工人不经意地认识到合格产品应为一批产品保持在一个温度仅 20 分钟而非程序规定的 30 分钟。在这种情况下，管理层应加强操作纪律，要求工人提交一份变更申请单，并且在修订恒温时间之前得到批准。如果做不到这一点，则鼓励"违规行为的正常化"而且逐渐破坏整个操作行为/操作纪律体系。定义偏差的关键点与定义安全运行限值一样，超出可接受范围将置企业目标于风险之中。

当异常情况发生时，操作行为体系有一个预定的处理机制。对于一线工人，最常用的处理方法为"停工"权力。工人被告知如果他们感觉自己做的工作不安全，他们应以安全的方式停止工作，而且让他们的主管和/或安全部门参与解决问题。对于操作行为应用，该权力通常扩大到包括工人运用"基于缜密思考的遵守"和在遇到用标准程序和做法不能解决的情况时停工。例如，操作工可能用光了基本配料组成。此时，工人应邀请他人协助而且按照标准变更管理程序解决特殊情况。

另一种方法是在确定可接受范围内使用基于风险的标准。风险概念明确作为指导企业内各种活动和业务部门统一决策的手段（参考文献 3.1 和参考文献 3.6）。管理层应以矩阵的形式定义企业风险容忍度，如图 3.1 所示。一个事故发生的可能性或严重度越高，该事故给企业带来的风险就越高。当一线工人不能利用现有设备和最新程序实现风险控制目标时，他们必须在从事或继续更高风险活动之前征得更高管理层的批准。风险程度越高，批准所需的管理层越高。这种方法有助于确保与标准的偏差得到相关权威人员的批准，该权威人员能够接受企业承受的风险，或者承诺提供降低他或她认为不可承受的风险所需的资源。例如，运行经理可能接受使用一个旁路联锁继续进行操作的风险，也可能命令装置停车直到联锁得以修复。

	低严重度	中等严重度	高严重度
高频率	临界风险	高风险	高风险
中等频率	可承受的风险	临界风险	高风险
低频率	可承受的风险	可承受的风险	临界风险

图 3.1　风险矩阵示例

3.3.3　统一执行的目标

实施操作行为/操作纪律体系，会从根本上改变企业文化。除了简单的惯性，管理层必须克服牛顿第三定律——每一个力都有一个与它相等且相反的反作用力。管理层应有变革受阻的思想准备，尤其是一线工人认为变革确实或者可能给他们带来威胁的时候。不巧的是，威胁并不是真的或大到引起阻力。大多数工人经历过"追逐潮流"的倡议活动，而且他们相信这次活动终将过去。如果他们对现状很熟悉很亲切而且生活相对舒适，则没有真正的理由让他们变革。另外，即使他们相信操作行为能为企业创造真正的效益，他们也不相信管理层会坚持到底。

管理层突破这种阻力的唯一有效工具是在企业的所有层次统一强制实施企业预期目标。实施预期的关键是针对行为而非结果，而且这在"纪律"通常是指因发生事故而遭受惩罚（通常是一线工人）的企业中尤其重要。为保证操作行为/操作纪律的成功实施，管理层对绕过安全联锁达到创纪录生产率的工人，和对通过安全联锁而引发事件的工人，应采取同样严肃的态度进行处理。在这两种情况下，即使两种结果截然相反，工人的行为也都违反了操作行

> 一名主管及其团队最初因超过生产目标而受到奖励。随后，管理人员发现他们是通过简化一些必需的检查程序从而实现超过生产目标。尽管在生产过程中没有发生过程事件，公司仍然因为团队未遵守公司要求而收回了奖励，然后将奖励颁给实现生产目标并且遵守公司要求的另一个团队。

为/操作纪律原则。同样，鼓励、容忍或故意忽视不可接受行为的经理们与行为犯错者一样违反了操作行为/操作纪律原则，而且他们应接受同等处理。在医疗和航空领域，术语"公平文化"（参考文献3.7）用于说明操作纪律体系可基本公平地既能满足个人责任需求，也能有助于企业学习和改进。

3.3.4 监控绩效数据

监控操作行为管理体系的有效性和为持续改进提供数据的关键是识别和使用相关指标。领先和滞后指标的共同使用通常是提供系统效率全貌的最佳方式。以结果为导向的滞后指标，如：事件发生率，仅在"事件"（即：因操作行为体系失效导致损失）频繁发生时有用。因此，在一个成熟的操作行为体系中，领先指标会更加有用，如：错误断开管线或错误绕过报警/联锁的频率。

滞后指标，如：每人工时、每操作小时或者每磅产品的人员受伤次数，也会对相对绩效产生歪曲。一座生产百万磅产品的高度自动化企业可能是一个每磅产品绩效最好的企业，但也是每人工时绩效最差的企业。将这种简单比率的完成率作为绩效测量的方法，可能会产生异常的结果。一个缺少某一项检验的团队因完成0%可能看起来很糟糕，而一个缺少1000项检验中的100项检验的团队因完成90%可能看起来相对较好。

个别指标的更新频率可能从每天一次到每周一次到每月一次或者更长周期，具体取决于指标的动态性质、数据采集的预期成本和当地需求。目标是选择一套足够灵敏的指标以协助企业管理层准实时地监控管理体系的性能和效率，而且管理层不会因数据转储的问题而觉得难以应对。恰当选择的指标能使管理层做到：

- 识别管理体系在不断发展中产生的弱点；
- 在活动退化为失效状态（表现或有效性）之前，适当调整工作活动；
- 加强并保持良好的做法和绩效。

各种可能的操作行为/操作规程指标，如：不合理许可证的签发数量或逾期关闭的数量，详见第 7 章规定。在许多情况下，现有的指标可用于操作行为/操作规程的目的。美国化工过程安全中心、美国石油学会和英国健康与安全执行局已经出版了过程安全指标专用指南（参考文献 3.8～3.11）。另外，美国化工过程安全中心正在编写三种过程安全指标报告的数据库（过程安全事件统计、过程安全事件率和过程安全重伤比例）以帮助行业监控朝着过程安全改进目标前进。即使它们是滞后指标，实施操作行为/操作纪律的企业也可用这些数据作为起点来对标他们自己在行业中的位置。

通常情况下，建议使用少量指标，采集数据，而且通过初步试验设定值以确定跟踪指标数据是否有助于确认管理体系绩效。然后将数据值和最近趋势与管理层的预期作比较，而且在适当时实施奖励或采取整改措施。管理层应定期评审采集的指标，而且应消除那些不支持计划-执行-检查-改进（PDCA）周期的指标（详见 7.1 章）。

3.3.5 确认实施状态和进度

在开始阶段，需要经常监控。管理层不能简单定义预期目标并盲目地委托实施。按照上文所述，早期成功将成为操作行为/操作纪律体系继续获得成功的基础。管理层可利用这些成功建立进一步实施操作行为/操作纪律的动力。相反，早期成功如果没有得到确认和奖励，则对整个体系的健康十分有害。

在《基于风险的过程安全指南》一书中（参考文献 3.1），美国化工过程安全中心引入了管理评审概念作为一个必要的管理体系，以用于对传统审核进行补充。管理评审是用于管理体系是否符合预期要求和有效达到预期结果的常规评价。定期管理评审填补了日常监督活动和正规定期审核之间的空白。管理评审的目的是更及时和不正式地进行管理体系审核，确保在系统失效之前发现和解决初始问题。操作行为，与其他管理体系一样，将从定期管理评审中收益。

监测深度和频率应受到各种因素的制约，如：设施的当前生命周期阶段、操作行为/操作纪律体系的成熟度（实施深度）、管理层实施评审的水平和以往经验（如：事件记录、以前评审和审核的结果）。每月对适用于新建或发生了本质改变的体系进行监测，但是随着体系逐渐成熟，监测频率将过渡到半年一次或一年一次进行管理评审。由于操作行为/操作纪律涉及每个管理层——从工艺主管到工厂经理到公司经理，所以所有管理层将参加定期管理评审。

管理评审将根据既定要求检查操作行为/操作纪律的实施状态（具体内容请参考第5章和第6章内容）。管理评审邀请负责管理和实施体系要素的人员参加会议，这些人员将在会上出示体系文件和实施记录，提供状态和活动的直接观察结果，以及回答关于体系活动的问题。团队将尝试回答以下问题：

- 我们体系的质量如何？
- 这些结果是我们想要的吗？
- 我们在做正确的事情吗？
- 我们能提高做事效率吗？

另外也讨论了对操作行为/操作纪律特性的预期挑战（企业改革、员工变动、新项目、新标准等），具体见第5章和第6章描述，从而便于管理人员积极主动解决这些问题。管理评审有助于促进中期规划，并填补了长期战略和短期战略之间的空白。

提出解决任何现有或预期绩效差距或无效的建议，并且指定解决这些问题的责任和时间。通常情况下，审核问题整改措施和管理评审发现的问题解决方案采用相同的跟踪系统。妥善保存会议纪要和整理问题解决方案以满足计划要求。

3.3.6 保持绩效

图3.2给出了管理层/领导层承诺在整个操作行为/操作纪律提升和实施循环过程中的作用。如果新的体系即将落实到位，那么该承诺必须先进行（从图的顶部进入循环）；否则，该承诺应当用于对现有操作行为/操作纪律体系有显著提升（从图的底部进入循环）。无论哪种情况，在企业按照第5章和第6章的叙述着手制定一个新的体系或大幅修改现有体系之前，管理层/领导层必须做出承诺。尽管管理层/领导层承诺仅为一个谨慎步骤，但是管理层/领导层承诺是成功完成该循环中所有步骤的一个因素。

3.3.7 考虑灾难性事件的影响

在第3.2.2节中，我们讨论了有必要将直面现实作为遵守纪律的思想这一阶段的要素之一。一种罕见困难的现实情况，是一起突发事件可能发生在操作行为/操作纪律体系准备开始实施之前或实施期间。

在事件的直接后果中，企业将陷入严重瘫痪。有些人会受到失去朋友和同事的打击，有些人会对这种事情发生在"我们的"企业中而十分生气或倍感失望。其他人会感到内疚，即使他们不是事故的直接过错者，他们会怀疑自己能否做些不同或更好的事情来避免事故的发生。有些人因不确定其行动是否在法律或监管

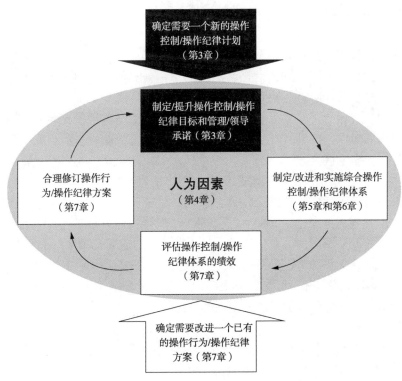

图 3.2 操作行为/操作纪律提升和实施循环

过程中对企业造成负面影响而变得冷淡。对于有些人，他们的生活将关注于理解发生了什么并保证它永远不会再次发生。

然而，企业在这种环境中是无法长久生存的。因此，必须制定一份应对危机的操作计划而且在实施计划的过程中严格执行操作纪律。这样做有助于防止企业瘫痪和将情感能量转变为提供绩效的动力。恢复和善后工作必须完成，合同必须履行而且效益必须产生。在这种情况下，必须至少暂时地将操作管理人员的职责分配给在身体上或情感上没涉及事故的人。可将这些人有效分配给事故调查组和制定计划以避免类似事故的再次发生。如果是操作行为的失误导致事故发生，则可利用这些个人的情感能量加快和扩大操作行为/操作纪律的实施过程和范围。对变革的需求是不可辩驳的事实，而且企业更容易接受变革思路，尤其是当变革有助于确保这种事件不会再次发生时。

然而，这种方法是假设管理层完全接受了操作行为/操作纪律并且在灾后重建过程中体现了其原则。如果管理层只是想做点什么，但不接受也不用示例证明操作行为/操作纪律原则本身，则这种主动性将会很快衰退。关于事故的记忆将淡化，而且企业将重回事故前的经营状态。

3.3.8　在全球员工中实施操作行为/操作纪律

世界各地的企业，不管是否是跨国企业，他们都利用多元文化劳动力为其客户交付产品和服务。当实施操作行为/操作纪律时，"在一个地方适用的将在每个地方都适用"的想法是错误的。虽然企业都有一套指导性的价值观和原则，但操作行为/操作纪律的实施必须通过适当调整以符合具体业务部门的实际。例如：有些现场的工人在劳资双方代表谈判中的合同要求中与其他的现场不同或无关。一个世界级的操作行为/操作纪律体系不单单是一个叠加在全球员工上的模范榜样，而没有太多地区差异。

操作行为/操作纪律的有效实施要求有杰出的领导能力，具备文化敏感性而且愿意调整政策以适应当地的合法商业惯例、就业预期、政治体制、社会模式、宗教和工作方法。虽然建立了一个"文化盲区"概念，而且全球劳动力是诱人的，但每个地区的人是不同的。希望用适合于所有类型的通用政策来解决复杂且特殊的多国家、多元文化和/或多地区员工问题是鲁莽的行为。即使工人可能认同操作行为/操作纪律的目标，但在优秀程序的具体构成、解决冲突的最佳方法和完成工作的重要性方面，他们可能有不同的看法。

尽管存在这些差异，但基本步骤仍相同。管理层必须选择懂得当地文化的人，而且这些人能够与持有不同认识的人一起卓有成效地开展工作。然后这些领导为工人提供操作行为/操作纪律的"愿景"，并定义预期目标。企业的操作行为/操作纪律政策陈述了全球员工做法的基准，但是该愿景应加强与地方文化的关联性。这些领导还应正视当地文化背景下人们的需求这一现实情况，并明确与全球标准的容许偏差。必须建立可实现的目标，而且必须监测实现这些目标的进程。高效的管理人员了解如何激励当地人员实现这些目标，以及如何利用早期成功鼓励其他人接受操作行为/操作纪律的原则。因此，应当因地制宜地开展详细的体系实施过程，并或多或少地针对每个地区单独制定基本原则。然而，应将相关绩效监控数据转移到一个中央数据库中，并据此分析整个企业的绩效。

3.4　总结

若要建立一个成功的操作行为/操作纪律体系，高层管理人员必须为企业建立一个伟大愿景而且将伟大愿景传达给企业中的每个人。管理层必须为实现愿景目标而对时间和资源做出一个持久的承诺，并将其注意力转移到取得企业下层人员的支持和协助。工人立即想知道：

- 操作行为/操作纪律是什么？
- 企业希望得到什么？

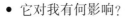

● 它对我有何影响？

必须将能分享高层管理激情的人员安排在具有影响力和权威的岗位上。企业必须自上而下地定义什么是工人表现的期望目标，并实施这一目标。必须对企业的绩效进行监控，并且随着各个重要目标不断被实现，当不断达成企业实现伟大愿景征途上的又一个目标时，管理人员应当对获得的成功进行庆祝和认可。

第4章阐述了影响个人和企业行为而且与操作行为/操作纪律有关的人为因素概念。第5和第6章阐述操作行为/纪律体系的主要特性。第7章阐述实施和持续改进操作行为/操作纪律体系的计划–执行–检查–改进（PDCA）周期。

3.5 参考文献

3. 1   Center for Chemical Process Safety of the American Institute of Chemical Engineers, *Guidelines for Risk Based Process Safety*, John Wiley & Sons, Inc., Hoboken, New Jersey, 2007.

3. 2   Collins, Jim, *Good to Great: Why Some Companies Make the Leap... and Others Don't*, HarperCollins Publishers Inc., New York, New York, 2001.

3. 3   Cullen, W. Douglas, *The Public Enquiry into the Piper Alpha Disaster, Vols. 1 and 2*, Stationery Office Books, London, England, 1990.

3. 4   Buckingham, Marcus, and Curt Coffman, *First, Break All the Rules: What the World's Greatest Managers Do Differently*, Simon & Schuster, New York, New York, 1999.

3. 5   Petrow, Richard, *The Black Tide: In the Wake of Torr ey Canyon*, Hodder & Stoughton, London, England, 1968.

3. 6   Center for Chemical Process Safety of the AmericanInstitute of Chemical Engineers, *Guidelines for Developing Quantitative Safety Risk Criteria*, John Wiley & Sons, Inc., Hoboken, New Jersey, 2009.

3. 7   Dekker, Sidney, *Just Culture: Balancing Safety and Accountability*, Ashgate Publishing Limited, Aldershot, England, 2007.

3. 8   Center for Chemical Process Safety of the AmericanInstitute of Chemical Engineers, *Guidelines for Process Safety Metrics*, John Wiley & Sons, Inc., Hoboken, New Jersey, 2009.

3. 9   ANSI/API Recommended Practice 754, *Process Safety Performance Indicators for the Refining and Petrochemical Industries*, American Petroleum Institute, Washington, D. C., April 2010.

3. 10   U. K. Health and Safety Executive, *A Guide to Measuring Health & Safety Performance*, London, England, December 2001.

3. 11   U. K. Health and Safety Executive, *Developing Process Safety Indicators*:

A *Step - by - Step Guide for Chemical and Major Hazard Industries*, HSE Books, London, England, 2006.

3.6 补充阅读

- Center for Chemical Process Safety of the AmericanInstitute of Chemical Engineers, *Building Process Safety Culture: Tools to Enhance Process Safety Performance*, New York, New York, 2005.
- Walter, Robert J., *Discovering Operational Discipline*, HRD Press, Inc., Amherst, Massachusetts, 2002.

4 人为因素的重要性

4.1 简介

本章描述了广义的人为因素，即影响企业人员行为的组织、环境和工作因素。本章定义了人为失误，并描述了可用于识别人员表现问题解决方案的人为失误分类。另外，本章还研究了操作行为/操作纪律体系与常见人员表现计划之间的关系(基于行为的计划、前因-行为-后果计划和人员表现技术)。这些因素应在操作行为/操作纪律的设计、编制和实施中予以考虑。

第4章与本书其他章节的关系请参考图4.1。人为因素构成其他章节所有主题的基础，从管理领导层(第3层)到操作行为/操作纪律体系编制(第5章和第6章)到实施(第7章)。

切尔诺贝利核电站泄漏事故——人为因素重要性的一个示例

1986年4月26日早上，在基辅附近的切尔诺贝利核电站，一次巨大的爆炸掀掉了4号反应堆厂房的房顶。当时，该工厂正在进行一次试验以改进工厂在紧急条件下的响应措施。该试验计划于4月25日凌晨1：00实施。但是，该项试验因电力需求而推迟了22个小时。当核电站收到在25号晚上约11：00进行试验的许可时，大多数技术人员已经离开了工厂去度周末长假，且核电站离试验所需的初始条件还相差很大。

虽然石墨减速反应堆会在特定条件下变得不稳定(导致失控放热反应)，但切尔诺贝利核电站已经成功运行了几十年。尽管如此，安全操作仍需要遵循一定的操作策略。

由于害怕轻微延迟或程序问题未能进行该项试验而可能导致核电站员工处于尴尬境地，所以尽管在技术员不在场或其他试验条件有限的情况下，操作人员还是继续进行了试验。在试验期间，故意违反了许多操作策略，包括：

● 关停应急核心冷却系统；

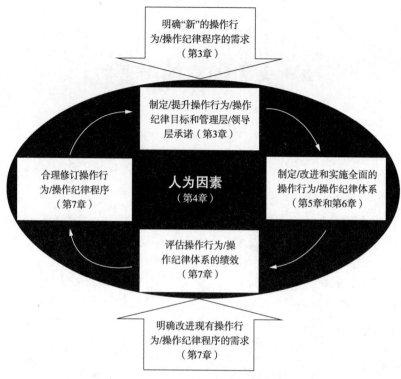

图 4.1　操作行为/操作纪律提升和实施循环

- 增加核心反应堆冷却剂流量，直至高于授权限值；
- 核电站运行负荷低于 1000MW，导致核电站在试验期间难以控制；
- 禁用快速反应停堆系统；
- 为解决不同的初始试验条件而现场更改了试验程序，没有对变更影响实施正式评估。

当核电站人员决定在核电站不稳定的条件下继续进行试验时，核反应开始迅速加速，操作工未能快速采取响应措施来恢复反应堆控制。在反应堆中，石墨和水在高温条件下反应，生成氢气和一氧化碳混合气体。当氢气被点燃，引发的爆炸掀飞了反应堆厂房的混凝土房顶，并将核材料泄漏到空气中，引起远在西欧的大气辐射值增加。

那么，为什么操作人员决意故意违反许多要求？

- 进行该项试验所需的条件难以达成，因此这被视为使该核电站脱颖而出的大好机会。

- 核电站员工完成该项重要的试验可能得到奖励。

部分核电站员工强烈渴望采取一切手段完成这项试验，包括违反许多管理控制，表现出缺乏操作纪律，因此导致了历史上最严重的核泄漏事故。(参考文献4.1和4.2)。

4.2 人员行为问题

下文总结了与人员行为有关的几个关键问题，这些问题必须通过操作行为/操作纪律体系来解决的：

- 人是不可靠的，即使是最优秀的人也可能犯错。企业中的每个人都会犯错，即使是具有很强上进心、训练有素且采用优秀实践的人。当然，操作行为/操作纪律的目标之一是防止犯错，另一个目标是程序设计，确保人为失误不会导致灾难性后果。为防止和减少人为失误，企业必须针对人为失误制定预防、检测和纠正措施。

- 可能引发失误的情境是可预测、可管理和可预防的。人为失误通常不是随机的。大多数人为失误可以事先预测，并且可使用多种体系对失误进行预防、检测和纠正，以确保不会造成灾难性后果。因此，企业必须花时间识别可能出错的情境，并落实各种体系来管理这些情境。

- 企业程序和价值观对个人的影响。各种管理体系用于鼓励合格行为，压制不良行为。与设备设计、操作、维护、程序、监管、激励、培训和其他多种活动有关的各种管理体系，其设计和实施都对人们的行为造成影响。

- 人们根据预期和反馈达到高绩效水平。人们受到激励的影响。如果通过指定方式完成任务会受到奖励，人们则往往更倾向于按照这种方式完成任务。如果对某种行为有惩罚措施，则人们通常会减少那种行为。通过奖励合格的行为和惩罚不良的行为，企业会对员工的行为产生影响。奖励和惩罚应强调行为，而非结果。对结果的奖励(如：完成工作)可能导致人们采用不合要求的方法完成目标(任务)，如走捷径和变通方法。每一位员工以不合要求的方法完成一项任务而未被惩罚时，这名员工往往会树立自信，认为自己具有再次"侥幸逃脱"的能力。大多数情况下，正确的行为能带来理想的结果。对于利用不合要求的方法却得到正确的结果，应强烈一致地予以阻止。许多奖励和惩罚是非货币形式的。一个好主意受认可、可以自行选择所执行的任务，分配至喜欢或不喜欢的轮班或任务，也属于奖励或惩罚。

- 热爱本职工作的人，其工作表现会更好。热爱本职工作的人感觉有义务将工作做到最好。当在以下情况时，人们往往倾向于将工作做到最好：(1)当清晰地理解核心价值和绩效目标时；（2）当对他们所做的工作产生影响时；（3）当他们有能力完成他们喜欢的工作时；（4）因其工作绩效受到奖励时。因此，除了明确目标、奖励和惩罚外，人们还必须在一定程度上掌控自己的工作。可通过让人们参与到影响其工作的各个体系之中来实现这一点，如：让操作工参与到设备设计和程序编制过程。

● 可通过理解人为失误发生的原因从而实现避免事故的发生。如果企业理解了人为失误发生的深层次原因，那么可以建立管理人为失误的有效体系。对事件发生前人员行为的系统性分析（主动分析）和对事件本身的系统性分析（被动分析），为成功的人员表现体系设计提供了深刻见解。

> **主要的人员行为问题**
> ● 人是不可靠的，即使是最优秀的人也可能犯错。
> ● 可能引发失误的情境是可预测、可管理和可预防的。
> ● 企业程序和价值观对个人的影响。
> ● 人们根据预期和反馈达到高绩效水平。
> ● 热爱本职工作的人，其工作表现会更好。
> ● 可通过理解人为失误发生的原因从而实现避免事故的发生人为失误

在信守这些原则的同时，使用操作行为/操作纪律体系消除人为失误带来的影响，具体做法是通过实施各种管理体系来预防、检测和纠正人为失误。

4.3　什么是人为失误?

人为失误是超出一定可接受范围（如：可容忍范围外的行动）的任何人为行动（或者说因此缺少行动），这里的人为表现范畴由该体系定义。这里所使用的术语"人为失误"包括可能促成或导致事故发生的犯错、失检和故意违章。❶

人为失误是指企业任何层次的所有人员体现在可接受行为和实际表现之间的人员表现差距或差异。人们可能未能执行一

> 人为失误是在可接受行为和实际行为或表现之间的差距或差异。

项规定的任务（疏忽失误）或者未能正确地执行一项规定任务（委任失误）。只有当明确了可接受范围（或可接受表现）时，人为失误的定义才有意义。在有些情况下，可接受表现是由程序中的步骤顺序来确定的。例如，若要启动一套装置，启动步骤必须符合程序所规定的顺序。如果该程序没有规定某些行动的顺序，那么无论该项活动的顺序如何，工人都应正确执行该项任务。同样，人为失误的定义应符合标准（可接受表现）。如果程序规定流量应设置在 45~55gal/min（1gal =

---

❶与过程安全相关的最新定义，还可登陆 CCPS 网站查询。

3.785L），那么将该流量设在规定范围外的任何值时都应被视为人为失误。

相同的活动，在一座工厂中可能被认定为人为失误，而在另外一座工厂中则可能是一个可接受的行为，具体取决于每座工厂设定的可接受表现范围。例如，在一座工厂中，操作人员接受指令对泄漏阀上的填料点进行压紧操作，无需报告或记录。而在另一座工厂中，则要求报告和记录每个填料泄漏点。因此，如果一位操作工不报告填料泄漏点，则要么被视为可接受的表现，要么被视为人为失误，具体取决于工厂制定的标准。

表4.1提供了一座工厂中可能识别出的几个典型人为失误示例，这些示例使用在可接受表现和实际表现之间的差距对什么是人为失误进行了定义。尽管其中的大多数人为失误不会产生直接后果；但是，它们仍被视为人为失误。

表4.1 人员表现差距示例(人为失误)

情景	可接受表现	实际表现(失误)
准备对一个阀门进行操作	• 操作和维护人员共同做好阀门的准备工作 • 维护人员将即将开展的工作通知给操作班组 • 操作人员将工艺过程切换至安全条件 • 维护人员确认设备已被正确隔离	• 维护人员不会总是去确认设备是否被正确隔离，因为他们极少发现存在问题，而且有时候他们被迫需要快速完成工作
交接班	• 两个班的操作人员(准备接班的班组和准备交班的班组)讨论上一个班组已完成的工作、停运的设备、接班班组的工作计划和控制面板指示信息 • 交接班过程应持续足够长的时间，以确保来接班的操作工完全了解设备状态和计划开展的活动	• 一位操作工来得较晚或另一位操作工需要按时离开工厂，导致交接班过程缩短
切换操作设备	• 操作工按照操作程序规定的顺序打开或关闭阀门	• 操作工按照更方便但不正确的顺序操作阀门以节约几个步骤
注满一个储罐	• 操作工应该将流量设定在45~55gal/min	• 操作工将流量设定在75gal/min以更快完成工作
审查一个新的操作程序	• 一旦程序编制完成，应由两位操作工对其中的技术问题进行审查：通常安排一位操作工开展该项任务，当设备操作缺少人手时可能安排另一位操作工协助执行该项任务	• 正常执行该项任务的操作工在没有审查的情况下便在程序上签字，并认为另外一位操作工会详细审查该程序
设计一个新的控制系统	• 工艺过程设计要求配备多个电源以满足可靠性要求	• 在更改可靠性目标未获得批准的情况下，设计人员取消了其中一个备用电源以满足预算限制要求

在上表列出的所有情况中，可接受表现和实际表现之间存在差距。在某些情况下，表现差距可能对工厂造成直接的负面后果。在其他情况下，额外增加的安全措施可以防止因表现差距造成的损失。操作行为/操作纪律体系致力于消除与可接受表现之间的所有偏差，无论它们是否能够带来直接的负面后果。

虽然操作行为/操作纪律体系不会试图控制人员表现的方方面面；但是，如果一项任务规定了完成方法或途径，那么操作

> 操作行为/操作纪律体系的目标是消除行为表现中的所有偏差。

行为/操作纪律体系的目标则是确保任务的每次实施均与指定方法保持一致。对一项可接受结果并不太重要的任务而言，可能不会规定详细的完成方法，工人可以采用他们选择的任意方法完成任务。操作行为/操作纪律体系的目标是消除行为表现中的所有偏差。

消除行为表现的差距通常有两种方法：改变实际行为，或改变程序或体系，从而提高对变化的承受能力。操作行为/操作纪律重在使用第一种方法：企业实施各种程序，通过改变人们的行为方式实现降低人员表现差距的出现频率。然而，鉴于人类的局限性和缺陷，企业还可探索其他方法来减少与人为失误有关的后果，(1)提高体系对变化的承受能力，(2)消除或放松要求，(3)采取其他安全保障措施。

4.4 关于人员表现的常见误解

- 惩罚犯错的人员便可消除失误。责备他人只会暂时减少失误，这仅适用于当对惩罚的恐惧是人员表现的主要推动因素之时。然而，这仅仅是人员表现的主要推动因素之一。如果企业因失败而处理相关人员，而后在人们表现不好时对其进行责备，那么惩罚便会使人们变得充满愤恨，通常带来更差的表现。

- 培训是所有人员表现问题的解决方案。大多数人为失误不是缺乏知识或技能的结果(这两方面的缺陷可通过培训来弥补)。在许多情况下，失误是人机界面设计缺陷(标签不清楚、照明不足、布置不合理等)的产物。有时候，人们知道做什么，也知道如何去做，但他们的选择却五花八门。因此，必须使用其他管理体系来影响人们的行为，如操作行为/操作纪律。

- 对正确的结果进行奖励，于是每个人都会采取正确的行为方式。对正确的结果进行奖励，会激励人们通过一切必要手段实现目标。但如果奖励仅以结果为依据，且没有对为达目的不择手段的方式加以惩罚，那么人们则通常会采用走捷径的方式来提高生产效率。更好的方法是对使用正确的程序进行奖励和强化。强化正确的行为将获得正确的结果。

• 有经验的人不会犯错。有经验的人也犯错。有经验的人失误的整体频率可能较低，而且他们在造成负面结果之前更可能会发现并纠正失误。然而，由于有经验的人对日常任务太过熟悉，所以恰恰更可能因疏忽而犯错。因为有经验而对工作感到厌倦或自满的工人也更有可能犯错。

• 必须消除所有失误。消除所有人为失误当然很好。然而，将此设定为一个目标或者认为能够实现该项目标，会导致企业资源的利用效率低下。当失误将产生不可接受的后果时，必须采用预防、检测和纠正失误影响的方法，确保将相关风险降低至可接受水平。企业不应消耗过多精力来解决与可承受风险有关的人员表现变化问题。

> **常见误解**
> • 惩罚犯错的人员便可消除失误。
> • 培训是所有人员表现问题的解决方案。
> • 对正确的结果进行奖励，于是每个人都会采取正确的行为方式。
> • 有经验的人不会犯错。
> • 必须消除所有失误。
> • 如果每个人勇于承担责任，则他们将做正确的事情。

• 如果每个人都负起责任，那么他们将会把事情做正确。责任感是人员表现管理的一个重要方面，而且也是操作行为/操作纪律的宗旨。没有任何管理体系能够在不担负任何个人责任的前提下发挥有效作用。然而，要求人们对管理体系中对他们不能控制的问题负责，则不会减少人为失误；这样做只会造成挫折感、怨恨和更差的表现。

4.5 人为失误的分类

人为失误的分类可采用几种不同的方式。辨识这些分类的目的在于识别预防、检测和/或纠正人为失误的解决方案。

基于技能、规则和知识（SRK）的方法，需要参考个人在他或她的工作中运用意识控制的程度。图 4.2 标出了这三种分类中意识和自动行为之间的连续性。SRK 方法是工业任务中被广泛采用的一类方法，该方法由 Jens Rasmussen 开发，并由 James Reason 推广（参考文献 4.3，4.4 和 4.5）。

• 基于知识的行为。人们几乎以完全有意识的方式执行任务。这通常发生在初次执行该项任务或者有经验的人面对一种全新情况的情境下。在任何一种情境下，人们必须付出相当多的脑力劳动来评估这种情况，他或她的反应可能会慢下来。另外，当做出基于知识的行为时，人们通过监控体系对其行动的响应来判断是否达到理想的结果。这也可能降低其反应速度。

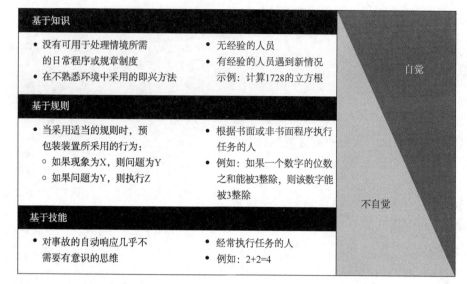

图 4.2 意识和自动行为之间的连续性(参考文献 4.5)

● 基于规则的行为。这些行为通常包括执行一些预先确定的规则,即:人们相信这些规则适用于这种情境。由于已经规定了(如:通过书面或非书面程序)可接受的活动(如:规则),所以人们在执行这些任务时几乎不需要思考。基于规则的行为有一定参与度,介于基于技能和知识的行为之间。

● 基于技能的行为。这种模式是指熟练、自动地执行富有经验、大量的体力行动,几乎没有意识的控制参与其中。基于技能的反应通常通过一些特定事件来触发。例如,因报警、程序或其他个人的要求对一个阀门进行操作,人们将高度熟练地执行阀门开启作业,而且在很大程度上不需要思考。如果没有任何其他安全保障措施,由于缺少执行者的意识参与,基于技能的失误是很难预防的。

以上关于人为失误的分类为分析一项任务内人为行为的变化提供了框架。然后,制定安全保障措施,以应对每个失误类型,详见表 4.2。

> 在设计防止人为失误的安全防护措施时,工程师应主动请求最终使用者提供输入和反馈信息。

图 4.3 给出了控制潜在人为失误的层级结构。一般来说,依赖于最终使用者的的安全防护措施越少❷,安全防护措施的可靠性越高。例如,被动安全防护

---

❷最终使用者是指使用该体系的人。对于大多数过程工业的装置而言,这些人是指操作和维护人员。对于消费品而言,他们可能是在家使用产品的人。对于备件管理数据库而言,他们可能是库管人员、采购人员和维护人员。

(使用较低的反应性、毒性或易燃性材料；防火堤的大小；管道壁厚；容器压力等级)比要求日常检测和维护的主动安全防护更加可靠。即便是对于被动防护系统而言，也可能需要测试和维护来确保防护措施的可靠性。然而，这些活动也可能导致工艺过程引入新的故障模式。

表 4.2　SRK 失误类型的潜在防护措施示例

错误类型	潜在防护措施
基于知识	基于知识的培训 决策支持工具 团队资源管理 传统奖励和鼓励
基于规则	有效的书面程序 独立的确认步骤 使用信息
基于技能	基于技能的培训 预防差错(也称作防错) 联锁 人体工程学

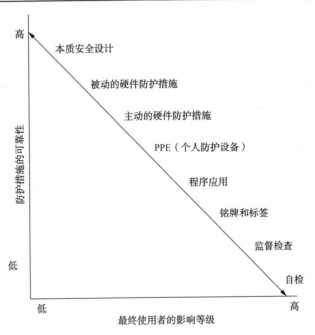

图 4.3　安全防护可靠性与最终使用者依赖程度的比较

与需要立即采取人员行动的安全防护相比，工程安全防护更加可靠。然而，随着对最终使用者依赖程度的减少，故障发生的可能性也在减少，但并没有彻底消失。相反，它只是转移到企业的其他部分，详见图4.4。例如，操作工不能对一个像储罐间距这样的被动安全系统的可靠性产生太多影响。间距的有效性在很大程度上取决于其设计和施工方案。但是，工程师必须正确计算该间距可以减少的热辐射通量和/或爆炸载荷。再如，作为一个使用手动采样工序很难对液体化学样品取样和分析的企业，他们会安装一套自动化采样系统来解决这个问题。该系统在很大程度上不再需要操作工和实验室技术员持续进行采样和分析工作。但是，又将不同的失误引入到了自动采样系统的硬件和软件设计中。这些失误在引发后果之前便会被检测并纠正，原因如下：（1）在引入失误和引发后果之间通常有一个较长的时间间隔和（2）在工程和施工过程中通常制定了多个设计和危害审查步骤。

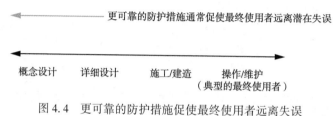

图4.4　更可靠的防护措施促使最终使用者远离失误

设计师和工程师在其个人表现方面不比最终使用者更可靠。当人们有时间对某一种情境进行深入思考，测试几种方案（工程师通常可以这样做），而且不会直接导致后果发生时，与几乎没有时间对多种替代方案进行考虑和评估的人们（如：操作工和机修工）相比，他们通常会找到更好的解决方案。

当落实基于硬件和软件的防护措施时，另外一个需要考虑的因素是经常更换而非补充现有的防护措施。例如，在一台储罐上安装一只高液位开关，实现自动关闭该储罐的入口阀以防溢出。该工厂仍要求操作工在储罐进料时守在一旁，认为在操作工未能关闭阀门时可通过自动系统关闭储罐阀门。然而，如果该工厂不强制推行该项要求，并且鼓励操作工同时操作多台储罐进料，那么操作工将依靠自动系统，不再主动监控储罐进料。因此，可能无法如预期般降低未来泄漏的风险。

在整个项目生命周期内将风险降低至可接受水平方面，项目经理应选择成本最低的那一套方案。当项目经理打算降低初始投资成本时，他们往往选择更依赖于最终使用者的低效率防护措施。然而，如果能正确地评估出整个生命周期的成本，会发现选择本质安全方式或者在初始设计中配备工程控制措施会比后期进行系统改造更有所助益。借助于风险预知决策可以确定一个最佳方案，从而确保实现可靠地完成工厂的长期目标。柔性工程领域在生命周期分析中提供了人文和企业风险相结合的其他方法。

在 CCPS 一本题为《提高过程工业绩效的人为因素方法》的概念书(参考文献4.6)中，提到了一个人为因素工具包，该工具包描述了 28 个可用于解决人员表现问题的人为因素主题。这些主题包括设备设计问题、标签、值班工作问题、程序、变更管理和能力管理。CCPS 还出版了《防止过程安全中出现人为失误的指南》(参考文献4.7)。该书为制定和管理人为因素计划提供了更多细节。

4.6 人为失误的诱发因素

应在何时和何地注意可能发生人为失误？可能发生人为失误的情况或条件有许多类型。表 4.3 为可能发生人为失误的情境提供了三种示例。其他可能发生人为失误的示例请参考本书所附的电子资料。

4.7 操作行为/操作纪律体系如何预防并减少人为失误？

操作行为/操作纪律体系的目标是持续发现可能发生人为失误的情境，然后对识别出的任何实际或潜在失误采取预防、检测和纠正措施。这有利于企业实现零事故的目标。切记！企业目标是实现零事故，而不是零人为失误。我们知道，不管我们怎么努力消除，人为失误终究会发生。然而，利用合理的防护措施来预防、检测和纠正人为失误，是可以实现零事故目标的。

对于表 4.3 中和随书电子资料附带的每种可能出现人为失误的情境，操作行为/操作纪律体系要素可以帮助我们处理。关于类似情境解决方法的更多细节，请参考本书第 3 章和第 5~7 章内容。

表 4.3 可能引发失误情境示例

可能引发失误情境	预期的表现差距	解决办法
任务问题		
同时开展多项任务	工人们努力开展多项任务，但他们不可避免地专注于一项活动上而对其他活动造成不利影响(如：开车时打电话)。工人可能会混淆这些任务的步骤，或者可能将一个任务的程序用于另外一项任务	提供防错技术，以防将一项任务的程序误用于另一项任务。应格外留心某几个关键步骤不同的几项相似任务。对于安全性至关重要的任务，如：开车，应考虑限制同时进行其他分散注意力的任务，如：使用手机

续表

可能引发失误情境	预期的表现差距	解决办法
作业环境		
不可靠/不能操作的设备	当设备运行异常时，工作人员会"发明"新办法克服困难并执行任务。通常情况下，这些"创新"解决方案会绕过变更管理审查程序	保持设备运行状态，并及时实施维修以便设备恢复运行。 使用变更管理程序控制临时和永久性变更
个人能力		
缺少完善的任务心智模型	心智模型是人类针对复杂过程建立简易模型。不准确的模型通常导致失误发生。如果一个人(或一个团队)在整个过程中使用的温度、压力、流量和液位之间的关系模型是错误的，则他们没有能力正确应对新情况	为员工提供充分培训和经验知识，使其了解设备操作背后的理念。使得员工能够正确诊断异常操作的原因。利用模拟演习和模拟实验，允许员工探索工艺特性超出其正常范围时的应对方法。强调任务这样安排的原因，而不是仅仅是如何执行任务

4.8 操作行为/操作纪律与其他常用人员表现工具之间的关系

本章内容描述了操作行为/操作纪律体系和其他可能已被采用的人员表现工具之间的关系。从历史角度看，这些工具重点关注个人安全问题。然而，这些工具还可适用于对过程安全产生影响的人员行为。这些工具包括：

- 基于行为(BB)的计划；
- 前因-行为-后果(ABC)计划；
- 人员表现技术(HPT)方法。

这三种方法均承认适当后果(正面和负面)对人员表现的影响。后果的三个维度通常作为这些方法的一部分，这些维度有：正面与负面、即时与延迟、确定与不确定。正面、即时、确定(P-I-C)反馈对行为的影响力最大，而负面、延迟、不确定(N-D-U)反馈的影响力最小。

在一个典型的情境中，存在多种类型的后果。例如，安排一名机修工修理一台除尘器。程序要求该机修工在作业期间配备安全帽、口罩、护目镜、手套和钢头靴。该机修工发现穿钢头靴非常不方便(这不是一个足够的、重大的负面、即时、确定的后果)，而且他在作业期间可能看到了有重物落下(他能避免一次重大的负面、即时、但是不确定[不太可能发生在他

> 执行人(而非引起后果的人)应判定该后果是正面的还是负面的。

62

身上]的后果[脚部受伤])。因此，他穿了钢头靴。口罩则是一个不同的情况。他不能理解为什么要佩戴口罩。如果他确实吸入了粉尘，那么对他的健康影响（负面）可能在数年后（延迟）才表现出来（不确定）。没有人会因为不戴口罩而惩罚他（负面、即时、但高度不确定的后果）。不戴口罩可能会更加舒适（P-I-C 后果）。如果因为佩戴了口罩而得到正面肯定（正面、即时和不确定后果），是不可能的。因此结果便是，这名机修工不戴口罩。

由于有许多种不同的后果（正面/负面、即时/延迟、确定/不确定），所以人们通常通过衡量其行为的正面和负面后果来决定行动方针。在正面后果大于负面后果的场所，不管企业采用什么方法，行动方针通常为所实施的工作内容。操作行为/操作纪律体系旨在执行任务时采用最具有吸引力的方式去实现预期表现；换句话说，帮助人员选择正确的方法。

4.8.1 基于行为(BB)的计划

许多企业为持续参与操作行为/操作纪律体系的一线人员提供一种结构化方法,，即 BB 计划（参考文献 4.6 和 4.8）。图 4.5 展示了 BB 计划的基本流程图。BB 计划为一线人员的行为提供了持续（直接）的反馈/后果。根据上文所述，操作行为/操作纪律体系以及人为因素计划都重点强调了人员行为的影响，而非结果。BB 方法有两种基本前提：

（1）如果人员表现出正确的行为，则他们更可能产生正确的结果。

（2）相比其他反馈类型，P-I-C 后果更有可能产生正确的行为。

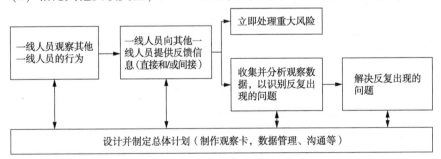

图 4.5 基于行为的计划的流程图

本文所用的"后果"是一个非常广义的术语。它包括正面和负面的后果，如认可、奖励、惩罚、口头批评、工作分配、节约时间、令人为难和日常工作的强化。

BB 过程将所有一线人员包括其中，旨在(1)提供一线人员的行为反馈信息和(2)识别表现差距。该项计划重点关注与操作行为/操作纪律体系相同的活动：一线人员的表现。

在一个已经开展 BB 计划的工厂中，操作行为/操作纪律体系可提高其绩效。操作行为/操作纪律过程将澄清并强调人员预期理性行为的重要性，BB 计划将通过这些人员产生的正面和负面观察结果以及相关即时、确定的后果，对这些行为进行强化。

BB 计划的另一个优点是强调绩效表现的领先性指标。有些指标，如：事件发生率和停车时间，为滞后性指标。通常情况下，滞后性指标易于测量，但它们仅能够识别损失发生后已经恶化的绩效。领先性指标，如：清洁作业、优良工单数量和超期程序数量，通常情况下更难测量，但它们往往是未来绩效的优秀预测指标。BB 计划通过观察一线人员的行为强调领先性指标。当发现不良行为时，应在发生严重后果的事故之前，采取措施消除表现差距。

4.8.2　前因–行为–后果（ABC）计划

理解人们行为的另一种方法是 ABC 分析方法（参考 4.9）。图 4.6 展示了 ABC 分析采用的基本方法。前因（在行为之前存在的条件）和后果（从执行任务人员角度看发生了什么）影响人员的行为。如果已看到表现差距，则需要通过调整前因和/后果达到预期行为。

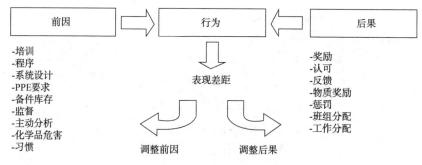

图 4.6　前因–行为–后果分析流程图

当用于在严重事故发生前对处于危险之中的行为或未遂事件进行行为调整时，ABC 分析方法还可提供绩效的领先性指标。另外，作为根原因分析计划的一部分，这种方法还可在事故发生后用于推断个人的表现。在一个已经开展 ABC 计划的工厂中，可利用操作行为/操作纪律体系提高其绩效，通过以下途径：

- 明确识别合格的行为；
- 改善前因（管理体系，如操作行为）；
- 提供合理的后果（体系，如操作纪律，可为合格行为提供正面/即时/确定的反馈信息，也可为不良行为提供负面/即时/确定的反馈信息）。

4.8.3　人员表现技术（HPT）方法

HPT 方法（参考文献 4.10）系统性地对人员表现进行评估。这种方法围绕计划（P）-执行（D）-检查（C）-改进（A）方法的变化进行架构。HPT方法的流程图详见图4.7。

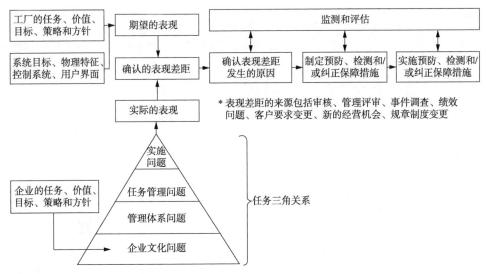

图 4.7 人员表现技术方法流程图

HPT方法的基本步骤包括❸：

1. 识别表现差距。
2. 分析原因。
3. 对预防、检测和纠正防护措施进行选择、设计和制定。
4. 实施防护措施。
5. 评估。

这些步骤的应用可以采用非常正式的方式，如：结构化的审核或正式的事件调查。企业相关保障部门的人员通常负责引导这些步骤的实施。但是，因此而实施的预防、检测和纠正过程通常也包括一线人员参与其中。通过更加正式的方法而得出的保障措施通常会得到更多关注，并且有可能影响任务三角形的底部部分。

对这些方法的非正式应用通常由一线人员负责和实施，而且保障部门很少参与。通过非正式方法而得出的保障措施通常会得到的关注较少，并且倾向于影响任务三角形的顶部部分。

如果你所在企业正在使用HPT方法，可以通过提升企业管理体系和强调识别表现差距的方式，实现操作行为/操作纪律体系绩效的提升。

---

❸关于HPT方法的其他细节，请查阅本章的参考文献。

4.9　让每个人都参与到人为因素活动中

对于一个有效的操作行为/操作纪律体系和一个有效的人为因素程序而言，二者都具备的一个基本方面是企业所有员工的参与。企业中的每个团队都应在识别表现差距及设计、制定和实施保障措施方面起到一定作用。表4.4列出了有效的人为因素/操作行为/操作纪律体系中的几项关键活动。

表4.4　团队在人为因素/操作行为/操作纪律方面开展的典型活动

团　　队	典型的人为因素/操作行为/操作纪律活动
管理人员	• 对人为因素/操作行为/操作纪律的关键指标进行监控 • 使用P-I-C反馈对积极行为进行强化
监督人员	• 贯彻执行规章制度 • 为合格的行为提供P-I-C奖励
工程	• 在设计过程中充分考虑最终使用者的需求 • 解决最终使用者在现有工艺过程中遇到的问题 • 将对人为因素的考虑体现在设计过程中
研究和开发	• 调研本质安全的替代措施 • 在初始设计中增加人为因素原则 • 在设计早期阶段，向设备的操作人员征集设备的输入信息
操作	• 识别可能引发失误的情境 • 强化对良好人为因素工具的使用 • 参与设备和程序的设计 • 从操作角度识别潜在的问题
维护	• 纠正设备慢性性能问题 • 强化对良好人为因素工具的使用 • 参与设备和程序的设计 • 从维护角度识别潜在的问题
仓库/储存	• 维护好仓库中所使用的人为因素辅助工具(如：通道标记、标签、监视记录仪液位指示器、部件编号标签和维修工具箱) • 识别适用于仓库的人为因素改进措施
采购	• 处理备件和设备的采购规范中所出现的人为因素问题
培训	• 将人为因素问题和原则纳入到人员培训中 • 识别可通过人为因素工具解决的人员表现问题
程序编写人员	• 在制定程序过程中征求最终使用者的意见 • 制定的程序应与人为因素原则保持一致

4.10 人为因素指标

指标可用于监控企业人为因素的健康情况，可分为领先性指标和滞后性指标。领先性指标是对未来绩效的预测指标。滞后性指标通过监测工厂的当前和过去绩效，从而识别出重大风险领域。

对于人为因素计划，领先性指标示例包括以下：

• 人机界面缺陷和未遂事件报告的数量——表征人为因素问题的优先次序；

• 误报警和不间断报警的数量——对异常工况的常态化度量；

• 完成人机界面修复的平均时间——表征用于解决人为因素问题的优先次序；

• 照明和标签方面的检验缺陷数量——表征用于解决人为因素问题的优先次序；

• 清洁作业状态——评估装置的清洁度；

• 作为 BB 计划的一部分所实施观察的数量——测量一线人员的参与程度；

• 已实施的 ABC 分析数量——表征计划的完善程度；

• 针对工艺过程、程序或做法所实施的整改数量，这些工艺过程、程序或做法与人为因素问题相关——测量工厂内人为因素的参与广度和深度；

• 专门用于人为因素改进计划的资源(时间或金钱)水平——测量管理层承诺解决人为因素问题的情况。

滞后性指标示例包括以下：

• 人员受伤率——与人为因素有关的人员受伤；

• 停车时间——与人为因素有关的非计划停车或断电；

• 质量缺陷——与人为因素有关的质量缺陷；

• 非计划安全系统启动——由人为因素问题引发；

• 事件——被认定为由人为因素引发的事件。

在第 7 章中提到的操作行为和操作纪律要素绩效指标也能反映整个企业人为因素程序的有效性。另外，美国化工过程安全中心、美国石油学会和英国健康与安全执行局已经分别出版了过程安全指标专用指南(参考文献 4.11，4.12，4.13 和 4.14)。

以上列出的所有指标并非都适用于任一家企业。在对数据采集和分析所需的指标及资源进行审查后，该企业和工厂应选择使用合适的指标。

4.11　总结

本章深入探讨了人为因素在操作行为/操作纪律的制定和实施中所起到的作用。通过理解人员行为的影响因素，可提高操作行为/操作纪律体系的有效性。

4.12　参考文献

4.1　U. S. Nuclear Regulatory Commission, "Backgrounder on Chernobyl Nuclear Power Plant Accident,"Washington, D. C., April 2009.

4.2　Atherton, John, and Frederic Gil, *Incidents That Define Process Safety*, Center for Chemical Process Safety of the American Institute of Chemical Engineers, John Wiley & Sons, Inc., Hoboken, New Jersey, 2008.

4.3　Rasmussen, Jens, *Information Processing and Human-Machine Interaction: An Approach to Cognitive Engineering*, Elsevier Science Ltd, Amsterdam, The Netherlands, 1986.

4.4　Rasmussen, J., "Human Errors: A Taxonomy for Describing Human Malfunction in Industrial Installations,"*Journal of Occupational Accidents*, ScienceDirect/Elsevier, Amsterdam, The Netherlands, Vol. 4, 1982, pp. 311-333.

4.5　Reason, James, *Human Error*, Cambridge University Press, Cambridge, England, 1990.

4.6　Center for Chemical Process Safety of the American Institute of Chemical Engineers, *Human Factors Methods for Improving Performance in the Process Industries*, John Wiley & Sons, Inc., Hoboken, New Jersey, 2007.

4.7　Center for Chemical Process Safety of the American Institute of Chemical Engineers, *Guidelines for Preventing Human Error in Process Safety*, John Wiley & Sons, Inc., Hoboken, New Jersey, 2004.

4.8　Krause, Thomas R., *The Behavior-Based Safety Process: Managing Involvement for an Injury-Free Culture*, 2nd Edition, John Wiley & Sons, Inc., Hoboken, New Jersey, 1996.

4.9　McSween, Terry E., *The Values-Based Safety Process: Improving Your Safety Culture with Behavior-Based Safety*, Second Edition, John Wiley & Sons, Inc., Hoboken, New Jersey, 2003.

4.10　VanTiem, Darlene M, James L. Moseley, and Joan Conway Dessinger, *Fundamentals of Performance Technology: A Guide to Improving People, Process, and Performance*, Second Edition, International Society for Performance Improvement, Silver Spring, Maryland, 2004.

4.11 Center for Chemical Process Safety of the American Institute of Chemical Engineers, *Guidelines for Process Safety Metrics*, John Wiley & Sons, Inc., Hoboken, New Jersey, 2009.

4.12 ANSI/API Recommended Practice 754, *Process Safety Performance Indicators for the Refining and Petrochemical Industries*, American Petroleum Institute, Washington, D. C., April 2010.

4.13 U. K. Health and Safety Executive, *A Guide to Measuring Health & Safety Performance*, London, England, December 2001.

4.14 U. K. Health and Safety Executive, *Developing Process Safety Indicators: A Step - by - Step Guide for Chemical and Major Hazard Industries*, HSE Books, London, England, 2006.

4.13 补充阅读

- Perrow, Charles, *Normal Accidents: Living with High-Risk Technologies*, Princeton University Press, Princeton, New Jersey, 1999.
- Strauch, Barry, *Investigating Human Error: Incidents, Accidents, and Complex Systems*, Ashgate Publishing Limited, Aldershot, England, 2004.
- Dekker, Sidney, *The Field Guide to Understanding Human Error*, Ashgate Publishing Limited, Aldershot, England; 2006.
- Lipman-Blumen, Jean, and Harold J. Leavitt, *Hot Groups: Seeding Them, Feeding Them, & Using Them to Ignite Your Organization*, Oxford University Press, Inc., New York, New York, 1999.
- Buckingham, Marcus, and Curt Coffman, *First, Break All the Rules: What the World's Greatest Managers Do Differently*, Simon & Schuster, New York, New York, 1999.
- Hollnagel, E., D. Woods, and N. Leveson, organizers, *Proceedings of the First International Symposium on Resilience Engineering*, Söderköping, Sweden, October 25-29, 2004.
- U. K. Health and Safety Executive, *Reducing Error and Influencing Behaviour*, HSE Books, London, England, 1999.
- Reason, James, *The Human Contribution: Unsafe Acts, Accidents and Heroic Recoveries*, Ashgate Publishing Limited, Farnham, England, 2008.
- Hollnagel, Erik, *Barriers and Accident Prevention: Or How to Improve Safety by Understanding the Nature of Accidents Rather Than Finding Their Causes*, Ashgate Publishing Limited, Aldershot, England, 2004.
- Mager, Robert F., *Analyzing Performance Problems or You Really Oughta Wanna: How to Figure Out Why People Aren't Doing What They Should Be, and What to Do About It*, Third Edition, The Center for Effective Performance,

Inc., Atlanta, Georgia, 1997.

- Reason, James, *Managing the Risks of Organizational Accidents*, Ashgate Publishing Limited, Aldershot, England, 1997.
- Kinlaw, Dennis C, *Coaching for Commitment: Interpersonal Strategies for Obtaining Superior Performance from Individuals and Teams*, Second Edition, Jossey-Bass/Pfeiffer, San Francisco, California, 1999.

5 操作行为的主要特性

5.1 简介

根据第 1.4 节定义，操作行为是企业的价值和原则在管理体系中的体现，制定、实施和维护操作行为的目的是(1)按照企业的风险承受能力组织经营任务，(2)确保谨慎且正确地完成每项任务，和(3)最大限度地保持绩效的稳定性。

- 操作行为是管理体系在操作行为/操作纪律中的具体表现。
- 操作行为提供了影响个人行为和提高过程安全的组织方法和体系。
- 操作行为规定了各项任务(操作、维护、工程等)应如何开展。
- 一个良好的操作行为体系明确展示了企业对过程安全的承诺。

本章内容探讨了一个有效的操作行为体系的基础关键特性。操作纪律强调工作绩效，其定义详见第 6 章。

操作行为体系的核心目标是影响人们做什么或者不做什么。操作行为帮助企业建立实现高度可靠的绩效所必需的条件，具体体现在(1)整个企业采取可预见、一致和正确的措施，(2)有效和稳定的过程，(3)可靠的工厂运营方式。因此，这些特性有助于人们在正确的时间做出正确的选择，且有利于企业以安全、可预见和可靠的方式开展经营活动。

操作行为体系适用于整个企业。通常情况下，有些人将操作行为体系作为保证一线人员遵守各项规定的手段，如：操作工和维修承包商。操作行为体系不仅限于此。操作行为涵盖了人员、过程和工厂设备。根据第 3 章的描述，它涉及从管理层人员到车间一线工人的所有人员。操作行为超越了操作"界限"，包括各种辅助功能，如：工程设计、质量控制、和产品/工艺开发。一个真正有效的操作行为计划必然触及企业的每个层次。

操作行为应有适当的范围。操作行为体系从识别最为关键的标准开始(包括各项政策、程序和做法)，且有助于这些标准的遵守。例如，可能通过几种保障措施防止工艺设备的采购和安装发生不符合规范的个人失误，但是却没有具体措施确保这些非关键项目符合既定目标。

博帕尔——多重保护层失效

有据可查，1984年12月3日，在印度博帕尔发生大量异氰酸甲酯泄漏事故。这次事故造成数千人死亡和超过100000人受伤；很明显，这是有史以来最严重的一次化工厂灾难。许多事件导致了这次化学品泄漏，而且直接原因一直未被确定；但显而易见的是，几个安全系统未得到妥善维护、被忽略或者无法使用。主要包括：

- 众所周知高压和高温报警缺乏可靠性，因此在最初阶段被忽略；
- 为降低成本，停用了数台冷却装置；
- 事故发生前，一台火炬已超出维护期限数月；
- 当时有一台洗涤塔处暂停使用状态，而且在重新投用时不能正常运行，原因是碱的浓度未保持在正常范围内。

正如Trevor Kletz在其著书《问题出在哪里？工艺装置灾难的历史案例》(参考文献5.1)中指出，购买安全系统是相对容易的，更加困难的是让它们保持正常运行状态，尤其是当故障不会立即对生产或每日跟踪的其他指标产生直接影响的时候。一旦管理层停止采取有效措施，则工人们也可能转而关注其他问题。本章提出的操作行为特性，其设计目的是确保过程安全不失效，或者不会仅仅因最近未发生任何过程安全事件而转移注意力。

在进一步阅读之前，回顾图5.1，本书中通篇使用操作行为/操作纪律提升和实施循环。许多读者对建立一个新的操作行为体系感兴趣(从12点位置进入上述循环)。下一个步骤是为每个操作行为或操作纪律要素制定目标，便于主要利益相关方审查、理解和接受。根据第3章描述，这些目标应是切实可行的(即：基于操作行为/操作纪律可实现的改进目标)。这些目标还应具有可衡量性而且能够提供一些切实的好处，以鼓励企业肯花时间、分配资源或另外花费精力去实现这些目标。若要向前迈进，则需要强有力的承诺和积极的管理支持。

本章与第6章共同阐述了图中3点钟位置的内容。第5.4节至第5.7节描述了一个有效的操作行为/操作纪律体系的特性。并非所有特性均能适用于既定情境；读者应将这30个特性视为在企业中实施操作行为/操作纪律的一整套理念来遵守。每个特性的文字说明既可用于对标现有程序，也可为新程序识别理想的功能。一旦确定了目标，下一步则是评估工厂中的现行体系，据此识别哪种操作行为特性最有助于工厂实现其目标。第7章阐述了该评估过程，以及实施操作行为/操作纪律体系的理念。

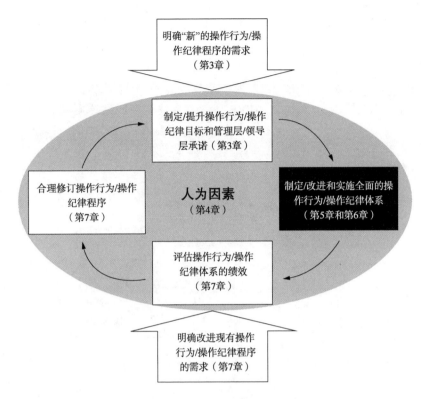

图 5.1　操作行为/操作纪律提升和实施循环

5.2　适用于过程安全管理体系的操作行为

本书重点阐述适用于过程安全管理(PSM)体系的操作行为。过程安全管理体系有几种公开出版的框架,具体如下:

- CCPS RBPS 管理体系(参考文献 5.2);
- ACC 责任关怀®管理体系(参考文献 5.3);
- OSHA PSM 法规 29 CFR 1910.119;
- EPA RMP 法规 40 CFR 68;
- Seveso Ⅱ指令(96/082/EEC);
- API 推荐做法 75,《制定海上作业和设施安全和环境管理计划的推荐做法》(参考文献 5.4);
- 英国强制性仪表 2005 编号 3117,《海上装置(安全工况)规定》2005 版(The Offshore Installations(Safety Case)Regualations 2005);

• 美国交通部令5480.19，变更2，《美国能源部装置操作行为要求》(参考文献5.5)，和其他美国能源部令。

尽管操作行为体系已在各行业中应用了数十年，但还是第一次被CCPS在《基于风险的过程安全指南》中作为过程安全的一个要素提了出来(参考文献5.2)。如图5.2所示，CCPS的RBPS管理体系建立在四大原则基础上，且操作行为是管理风险原则的的要素之一。将操作行为要素纳入其中的原因是：只有当存在一项程序能够确保组成工厂风险管理体系的各项政策、程序和做法的可靠性、稳定性，以及正确实施之时，该原则其他要素才能发挥作用。

图5.2　CCPS基于风险的过程安全管理体系(大卫古斯耐克森公司，2008)

操作行为是过程安全和其他环境健康安全管理体系的补充而非替代。本章的重点不是操作和维护程序、培训、安全操作规范、资产完整性、变更管理、开车前安全审查等基本做法，而是在于描述确保这些和其他过程安全管理体系有效的程序。一个有效的操作行为体系是过程安全管理体系的支撑。与之对比的是，一个不存在的操作行为体系会导致"按部就班心理"，可能促使产生无效做法甚至将无效做法进一步制度化。

尽管操作行为已被列为CCPS的RBPS管理体系中管理风险原则的要素之一(要素分组与装置的日常操作密切相关)，但它跨越了全部四个核心原则：

• 根据第3章所述，操作行为/操作纪律不能与组成过程安全承诺原则的几个要素割裂开来，如：过程安全文化、标准符合性和员工参与。

- 操作行为有助于理解危害和风险原则；它对工程办公室和一线员工同等适用。另外它还适用于第三方开展的设计审查和危害/风险分析。
- 一个有效的操作行为体系要求企业吸取过去的经验教训。第3章所示的模型中关于惯性的描述是正确的：一个正在休息的人必然没有在前行。

操作行为坚持行为导向，已有操作行为体系的企业要努力确保各项活动以预定方式进行。这虽然让人有点摸不着头脑，但是可以根据整个企业的可靠性衡量一个操作行为体系的效能。例如，可以通过回答以下问题测试一个操作行为体系的有效性："我们如何很好地遵守规定的程序？"和"当我们遵守程序时，我们得到想要的结果了吗？"因此，操作行为和环境健康安全和/或质量管理体系之间的内在协同作用，可为操作行为体系的健康状况提供重要反馈信息。当有效的操作行为/操作纪律做法在某一个领域可能得到体现，如质量，且没有扩展至其他重要领域，如：过程安全，那么消除这种分割现象还需要持续不断地努力才能有所改观。有效操作行为/操作纪律体系涵盖企业的方方面面。

5.3 本章内容的组织架构

本章提出的操作行为特性分为以下三组：
（1）适用于一项操作的所有方面的基本特性（第5.4节）；
（2）适用于该操作单个方面的特性，尤其是人员、工艺和工厂（第5.5节至5.7节）；
（3）管理体系（第5.8节）。

首先简述每个操作行为的特性，然后举例说明。有些示例是基于受到高度关注的事件，有的示例是指那些发生时未被工厂外人员所知的事件。编录这些故事的目的并非是对重大历史事故的总结。CCPS和其他组织已在其他著作中进行了总结（参考文献5.1，5.6，5.7，5.8和5.9）。相反，读者应通过提问题的方式将每一个故事都作为确定该特性是否与其操作有关的范例，如："可能在这里发生吗？"和"如果确实可能在这里发生的话，后果能够承受吗？"根据相关风险和类似风险问题的答案，要求读者进一步评估从这些示例中得到的教训，从而确定自己的企业中是否存在类似的差距，同时评估通过处理该部分中操作行为特性而带来的收益。

操作行为的改善拥有无限机遇。将本章内提出的操作行为特性考虑其中，可能导致某些工厂比其他工厂暴露出更多的严重问题。有些工厂已经针对特定的特性制定了非常合理的操作程序，或者直接明确该特性根本不适用。对于其他情况，读者需要批判地评估操作行为的特性，据此确定是否能够为其工厂创造价值。从这些机遇中，读者应优先考虑存在的差距，并评估使用新体系或改进现有体系时需要开展的工作。这些决策的制定应以控制风险、工作经验和正确的判断为依据。

5.4 操作行为的基础

第一，管理者必须对操作行为/操作纪律做出承诺，努力将有效的操作行为/操作纪律做法与企业文化相融合。管理者的言行不一比其他任何事情对操作行为的破坏速度来得更快。常言道："你亲自示范的最差绩效就是你所能预料到的最佳绩效。"领导力和管理者承诺的重要性详见第3章内容。

管理者承诺和领导力仅仅是建立一个有效的操作行为/操作纪律体系的第一步。一个全面、一致、得到全力支持的程序，能够形成如第5.5节至第5.7节中所描述的充分考虑人员、工艺和工厂的有效操作行为体系。然而，在制定程序说明操作行为的部分或全部特性之前，应对本节所规定的特性进行审查和充分理解。具体包括：

(1) 理解风险的重要性(并注意与之相关的问题)；

(2) 制定实现企业任务和目标所应遵守的各项标准；

(3) 了解哪些工作是直接受控，以及哪些工作是仅仅受到影响的；

(4) 按标准要求提供完成工作所必需的资源和时间；

(5) 确保能力贯穿于整个企业之中；

(6) 开展评判，采取纠正措施。

5.4.1 理解风险的重要性

操作行为体系应重点关注人员和体系中真正的问题所在，而不一定是易于完成或测量的问题。如果不能理解风险的重要性，那么操作行为体系可能产生恶化，导致领导强制推行制度仅仅因为是制度的存在。整个企业应理解什么是最重要的问题，而且能够使得共同构成操作行为体系的各项标准与有关工作正确地联系在一起，从而提高和保持风险活动的绩效。

1986年挑战者号航天飞机及其机组成员失事的原因是O形密封圈失效。根据总统委员会关于挑战者号航天飞机事故的报告(参考文献5.10)：

该航天飞机的固体火箭助推器问题始于其接头的错误设计，而且由于NASA和承包商管理人员首先未能将其作为一个问题，其后未能及时修复，且最终将其作为一项可以接受的飞行风险。

该接头被指定为1级临界等级(最高临界等级，表示发生故障可能导致人员伤亡或航天飞机损失)，但许多人认为由于该接头使用两个O形密封圈，所以可以降级至1R级临界等级(表示两个冗余系统必须同时失效才能导致人员伤亡或航天飞机损失)。委员会的报告继续指出：

1986年3月7日，在事故发生五周后，问题评估系统…仍将[固体火箭推进器]安装接头列为IR级临界等级。因此，由主要管理人员在[接头完整性和航天飞机及机组成员的安全]方面做出合理的决定是不可能的。

认识风险从危害识别开始。一旦识别任何危害，则可采用多种方法(1)进行风险分析，(2)判断现有安全保障措施是否满足需要，(3)建议采取适当的工艺变更、增加或完善现有安全保障措施(参考文献5.11)。安全保障措施，无论是适用于单个事故场景(如：一次联锁)还是一般操作(如：作业许可制度)，都应充分理解，清楚记录并强制执行。对风险产生显著影响的安全保障措施应包含于操作行为体系之中。

工厂理解风险的重要性，应：

● 开展适度的危害识别和风险分析研究，认真检查与高频率、中等频率和低频率事件发生有关的风险。

● 建立体系，在工艺过程/运行的生命周期内定期复查和更新危害识别和风险的结果。

● 用文件记录通过各种危害评估和风险分析确定的安全保障措施。

● 按照以下类别进行分类：必须采取的安全保障措施、经专业管理人员批准暂缓的安全保障措施、因可以采用不太严格的管理体系而放弃的安全保障措施(请参考第5.6.3节规定的操作限制条件附加说明和第5.7.7节规定的损害控制)。

● 制定用于实施和保持安全保障措施所需的政策和做法。

● 理解风险容忍度，并了解与活动有关的剩余风险(关于风险容忍度请参考第3.3.2节)。

● 定期开展检测和审核，并且具备其他手段来测量和跟踪与重要标准的符合性。

● 提升有效倾听和学习热情，吸引员工积极参与识别危害和理解风险的过程。

5.4.2 制定实现企业任务和目标所应遵守的各项标准

建立了有效操作行为/操作纪律体系的企业应制定适当的标准，并通过绩效监控来确保对这些标准的遵守。否则，任何绩效水平都会变得令人满意，同时，判断应该达到的绩效水平也会很主观。如果未能制定并强制实施与重要风险活动相关的标准，则注定了操作行为体系的失效，导致工作受到挫折，并且通常使企业走向平庸。操作行为体系将各项标准逐渐灌输到工厂中的每一个人，而且不仅仅是特定主管或经理在场的情况下。实施有效操作行为/操作纪律体系的企业应当加强自身标准建设。

大多数工厂制定了清洁作业标准；有些工厂的实施效果好于其他工厂。如在一座工厂中，未能正确处置检修用过的油污抹布导致亚麻籽油进入到一台干燥器中，从而引发火灾并蔓延至溢出到干燥器上尚未清理的可燃物料上。火灾持续蔓延，造成了重大经济损失。

相关标准要求企业冲破阻碍，持续地评估个人和企业绩效，这样做可在绩效出现下滑时尽早提供预警。但这并非意味着各项标准就是一成不变的；绩效高的企业一般会定期评估和调整各项标准，有时会废止那些几乎没有价值的标准或者直接采用新标准。这种修订或废止的过程为信息沟通带来了特殊的挑战。利益相关方应该非常清楚，这种"修剪"的过程不是折衷或降低执行标准，而是不断努力制定更精简、更有效、被广泛理解的绩效标准的一部分工作。此外，受影响的人员应清楚各项标准的依据。

以下列出了在过程行业中使用的标准示例：

• 不能故意超出规定操作限值进行工艺操作，如果超出了规定限值，则应采取以下规定行动。

• 遵守操作限制条件(LCOs)，如果有一个操作限制条件未被满足，则不得开始进行该工作或者应将该工艺迅速切换至规定的安全/稳定状态。

• 如果操作限制条件规定了最低人员配置，则应在适用条件(如：开车)下遵守该限制条件。

• 作出推迟检修、培训和其他定期活动的决定应当基于风险，而非预算或资源条件。

这些示例并不适用于所有工厂，也绝无可能构成一个详细而全面的清单。它们仅用于演示标准适用的条件。工厂应检查其正式和非正式的标准，并谨慎地判断哪些标准是指南，哪些标准适用于异常工况外的其他所有工况，以及哪些标准绝对不能违反。所有标准及其预期用途，尤其是那些绝对不能违反的"内部规则"，应该非常清楚明了。

5.4.3 了解哪些工作是直接受控，以及哪些工作是仅仅受到影响的

对个人的要求和目标应基于他可以控制什么或直接影响到什么；避免设定的标准或员工目标明显超出个人控制或影响范围。例如，要求操作工和检修人员对规定程序和方法的遵守负责，而不是对结果负责。同样，要求技术人员对达到预期结果所需的程序和方法的制定工作负责；并要求直线管理人员对指定程序和方

法的遵守程度负责。史蒂芬·柯维在其题为《高效人士的 7 个习惯》（参考文献 5.12）一书中引用了这种观点。柯维指出，我们每个人都有一个"关注圈"和一个"影响圈"，第一个大于第二个（即：我们经常关注问题的范围超过了我们能够施加影响的范围）。按照史蒂芬的说法，以积极主动的方式关注我们影响圈内的问题/活动，可以扩大我们的影响圈，由此可以将我们关注圈内的更多内容纳入到影响圈中。反之，如果我们首先关注我们没有能力影响的事情，那么我们会变得被动消极，指责他人，并说服自己接受这样的事实，那些我们本该可以积极影响的事情已完全超出了控制范围。

　　当一位新操作工仔细遵循书面程序的要求，并严格按照操作程序中的规定全部打开从引发剂储罐到反应器管线上的阀门时，发生了失控反应（而更有经验的操作工则懂得需要微开阀门以限制引发剂到反应器的流量，直到大部分反应物被消耗为止）。尽管没有人员受伤，但失控反应损坏了设备，导致严重停车并产生维修费用。直线管理部门首先将责任归咎于那位严格按照书面操作程序进行操作的新操作工，而不是询问直接管理操作程序的监理和经理为什么没做到保持操作程序的更新和准确。

在这个例子中，工厂的高级管理人员负责建立和促进企业文化。从长远角度看，企业文化决定了企业的行为，而非少数监理、主管和经理的一己之力。

识别责任需要考虑的因素包括：

● 假设整个团队都遵守各项程序、培训、做法和标准，则需要判断是否能够实现各项目标。如果不能，或者需要极低的人为失误率才能实现目标，则必须寻求替代、更加可靠的方法。

● 以能够直接控制的工作作为划分责任的基础。例如，生产率主要受上游装置供应的原料质量的影响。如果要求下游装置既加工规格内的产品也加工规格外的产品，那么仅要求下游装置对生产目标负责是不公平的。因此，在这种情况下，该项责任应由两套装置共同承担。

● 审查工作的深度和对细节要求的关注程度，并将其与企业中其他工作团队的要求进行比较。例如，如果希望操作工通过自查和同级检查从而达到非常可靠和可预知的结果，那么相同的标准应适用于一旦出现不合规即导致类似严重不良后果的所有部门。

5.4.4 按标准要求提供完成工作所必需的资源和时间

如果未能提供遵守各项政策所需的资源和时间，则会需要员工在遵规守纪和达到预期结果之间进行选择。除非工人们认为违反政策会造成巨大危害，否则工人们通常倾向于"灵活地使用规则"，以便于他们可以完成分配的任务。

2001 年 2 月 9 日，美国一艘洛杉矶级攻击型核潜艇格林维尔号意外撞沉了日本爱媛丸号拖网渔船。在事故发生前不久，该潜艇的指挥官（CO）命令甲板船员（OOD）在 5 分钟内达到潜望深度（PD）。后来，指挥官告诉调查者，"他[甲板船员]太慢了，我知道他不可能在 5 分钟内达到潜望深度。我的目的是给他设定一个工作目标…我怀疑我手下任何一位有经验的甲板船员本该能够在 5 分钟内达到潜望深度。"为完成该项命令，甲板船员跳过了几个重要步骤，包括（1）执行特定操作以确定潜艇附近海面上是否有船只，（2）做潜望镜观察简报。具有讽刺意味的是，站在甲板船员身旁的潜艇船长和太平洋潜艇指挥参谋长也都跳过了这些步骤。尽管潜艇在达到潜望深度时没有撞到爱媛丸号，但这是一系列程序错误的一部分，最终导致爱媛丸号拖网渔船上的 9 人死亡。（参考文献 5.13）。

令人失望的是知道需要做什么，但却不能正确地做到。无论原因是时间不足、没有工具还是缺少人力，结果不仅令人失望而且也可能导致潜在的不安全做法和事故。

各种涉及危险化学品的工艺要求有足够的人员和资源来保证安全运行。当评估该项特性时，考虑以下问题：

- 主管或负责人是否有时候不愿意了解一项任务是如何完成，尤其是同意走捷径或采用不安全的做法？

- 当看到工人们为完成一项指定的任务而走捷径或滥用工具时，是倾向于寻找其他途径（可能是由于对于装置重新开车或防止停车来讲完成其工作更加重要），还是倾向于暂停工作而且通过延迟工期或增加费用以安全/正确的方式完成任务？

- 在事件调查期间，是否不公平地要求员工承担破坏规则的责任，即使人们都知道按规定方法完成任务是不切实际的？

- 人员配置是否满足需要，并且用工计划是否规定了几种需要增加人员的操作状态，如：开车和其他非常规操作？

- 如果因设计缺陷或设备磨损而不能正常完成一项任务，则是否将其提交给能够采取补救措施的人员？

5.4.5 确保能力贯穿于整个企业之中

操作行为倾向于关注个人绩效和能力。然而，如果没有企业的能力，则个人的能力是无法在一段时间内经久持续的。企业必须不断寻求操作过程和个人执行任务的新知识；否则，注定会重复出现过的错误和其他常识性错误。

朗福德皇家委员会报告记录了 1998 年 9 月澳大利亚朗福德蒸气云爆炸事故的调查数据。作为一个影响因素，认为工程师从朗福德现场调至墨尔本，造成企业过度依赖主管和操作工的能力。仍留在朗福德工作的人员没有全部接受关于低温脆性断裂危害的培训；因此造成的企业能力不足增加了事故发生的可能性。这次爆炸导致 2 个工人死亡、8 人受伤，而且造成几乎整个维利亚州天然气供应中断两周时间。

在题为《朗福德的教训》（参考文献 5.14）一书中，安德鲁·霍普金写道：

历史上，设在总部的一个安全部门负责管理这些低频率、高后果的风险。这些人员监管过许多设施而且保证从罕见事故中学到的经验教训得到传阅。美国埃索石油公司应该了解关于压力容器极少发生严重脆性失效的信息，这些是从其母公司埃克森得到的。1974 年和 1983 年，埃克森研发与工程公司的研究人员两次出版了关于这些失效的警告性文章。作为一项直接结果，埃克森在其危害识别指南中增加了特别关注脆性断裂概率的要求。

按照霍普金描述，埃索公司负责风险评估的最高级经理和埃索公司总经理都没有看到警告脆性断裂危害的两篇文章。霍普金认为"精简"主要安全人员和安全权力下放可能走得太远，而且未能在中央监督和局部控制之间保持合理平衡从而导致该事故的发生。

朗福德爆炸事故中提到的能力适用于许多其他重要过程安全事件。根据第5.5.11 节内容，被分配预制临时跨接管线的工人缺少配管设计知识，导致发生1974 年英国弗里克斯镇耐普罗工厂管道破裂和蒸气云爆炸事故，造成 28 人死亡（参考文献 5.9）。1999 年，宾夕法尼亚州利哈伊镇的一套装置试图将羟胺浓度提高至不安全水平，导致发生化学品爆炸、5 人死亡的事故。高浓度羟胺的严重不稳定性有据可查，但爆炸事故发生时的装置负责人并不了解其性质（参考文献5.15）。

过程安全事件通常归咎于缺少风险意识，未能向主要人员传达相关信息，或者企业变更导致整个企业忽视了之前掌握的知识。高绩效企业应注重不断学习、自由并定期地与主要人员分享信息，并且牢记吸取的经验教训。应将知识视为企业宝贵的资产。在题为《在行动中学习》（参考文献 5.16）一书中，大卫·加文列出了企业经常遇到的 5 种"学习障碍"。这 5 种学习障碍的任何迹象都应给大家敲响警钟：

(1) 盲点——视野狭隘、假设能力差、破坏性技术；
(2) 过滤——忽略或淡化不符合现有典范的信息；
(3) 缺少信息共享——无效共享、信息囤积；
(4) 理解错误——逻辑性差、情感偏见、事后诸葛亮；

（5）无所作为——不能或不愿作为。

高素质的企业有如下特点：

● 有一些指定的技术管理员，他们同等负责以下事项：（1）保持和推进其学科领域的知识普及，（2）与所有可能需要的人员分享其信息(完全抛弃"知识就是力量"的模式)，（3)在技术管理员转移到其他工作岗位后继续使用并延续记录信息的方式。

● 利用各现场之间共享有效做法和工具的方法，如：维基百科法(即由一个用户群开发和维护的信息库)，维基百科法包括已经被判定有效和合格的项目，如交接班记录和检查清单等。

● 充分考虑员工和/或企业变更可能对解决问题的能力、正式行动计划的影响。

● 能够利用公司的历史教导新员工以特定方式做事的原因，使得培训更有针对性、效果更显著并更加贴近"现实生活"。

● 开展经常性的讨论，加深从以往事件中吸取经验教训的认识，并提醒人们与每个作业团队的工作职责相关的重大过程危害。

● 培养和鼓励开放式工作环境，无论是谁，欢迎提出建议和意见而且据此采取行动。

5.4.6 开展评判，采取纠正措施

任何活动，不管是驾驶一架航天飞机还是编织一条围巾，都需要定期评估和纠正。工厂的可靠运行也不例外；评估、反馈和采取纠正措施是各个层次的关键要求。评判适用于个人培训的验证，详见第 5.5.4 节。个人效率评判(如：年度绩效审查)则不在本书范围内。(定期绩效咨询/反馈与操作行为/操作纪律间接相关，但它与人力资源管理体系更加密切相关）。本章内容对两方面内容进行了探讨：（1)对很少开展但至关重要活动的绩效进行评判，如应急响应演练；（2）评判超出常规审核的管理体系绩效。

1999 年 9 月 23 日，火星气候轨道探测器在试图进入轨道时坠毁。在航天飞机失事后，调查人员发现产生轨道误差的原因是：一个软件模型的编码采用了错误计量单位。除在设计和测试阶段未能识别编码错误外，NASA 也未能检测到轨道探测器可能存在导航问题的迹象。在为期九个月的航行期间，推进操作要求出现了十次，超过了导航团队的预期次数。然而，由于航向修正操作连续获得成功，所以没有正式调查以确定是否存在潜在问题(参考文献 5.17)。

或许有人会说，火星气候轨道探测器的坠毁更加可能与对计算和软件的审核失效有关，但严重故障发生前的微妙报警迹象也是一清二楚。一个过程安全事件

发生前，通常有看似无关的未遂事件发生。通常情况下，由于重大损失事件相对很少发生，所以尽可能从这些所谓的"微弱信号"中学习经验教训则显得十分重要(而且值得注意的是，对一个人来说是"微弱信号"，对具有不同视角的某些人来讲或许就是"危险信号"。近期未发生损失事件不能作为中断监督活动的依据，这些监督活动诸如：指标收集、管理评审和审核)。同样，由于重大突发事件非常罕见，所以为进一步明确学习目的需要开展应急响应演练，同时，重要的是，通过实施评判和解决未能按计划实施的问题，从而实现其学习价值最大化的目标。

定期评判的另一种形式即为管理评审过程，初次引入作为 CCPS 基于风险的过程安全指南一书(参考文献 5.2)中一个 PSM 体系要素。根据第 3.3.5 节的描述，定期实施管理评审，其目的是对 PSM 体系绩效进行一次诚实的自我检查，即使没有迹象表明有任何不对的地方(管理评审的更多细节详见第 7.4.4.2 节)。

对经常出现在损失事件发生前的"微弱信号"及定期管理评审的绩效这两方面认真开展识别和评估具有很多共同之处。开展这两方面的工作都需要探索吸取过去经验的做法，以确保采取正确的纠正措施，并检验最近中期纠正的有效性，同时探索识别和评估改进时机，从而实现根据要求、风险重要性和良好的管理做法选择最合适的时机。

5.5 员工

操作行为致力于改善人员的可靠性。尽管体系在沟通、控制和失误检测方面的技术不断进步，但失误会持续发生，导致更大风险。事实上，或许会有人认为，这些体系的变化速度可能超过员工对体系的理解和使用、引入新危害、人员失效模式和潜在更高风险的速度。

正如第 4.3 节描述，人为失误是指可接受行为或绩效与实际行为或绩效之间的差异。人为错误可能起因于：(1)工人接受了不完整、不准确、或相互冲突的书面或口头指导(或者混乱的沟通信息)；(2)未能提供适当的培训或作业环境；和/或(3)组织架构运转不灵，如：未能检测和解决工人疲劳或岗位能力问题。本节阐述的特性包括：

(1) 明确的权力/责任；

(2) 沟通；

(3) 日志和记录；

(4) 培训、技能保持和个人能力；

(5) 遵守政策和程序；

（6）安全和有效的工作环境；

（7）操作辅助——可视化工厂；

（8）对偏差的零容忍；

（9）任务确认；

（10）监管/支持；

（11）安排可胜任的工人；

（12）门禁管理；

（13）常规作业；

（14）工人疲劳/岗位能力。

5.5.1 明确的权力/责任

在竞争激烈的全球经济中，企业经常通过裁员实现固定成本目标。尽管这种做法的结果不全是负面的而且通常是企业生存的要求，但这种做法确实增加了留任员工的职责范围而且形成了不清晰的职责和责任。有些企业改革管理不善，而且有些重要职责没有重新分配（或者将其分配给能力有限或经验不足的员工），因此导致关键过程安全行为活动未能有效开展。在其他情况下，有些监督岗位被撤销，致使自我管理工作团队的成员不清楚他们自己的职权、职责和责任。即使没有企业改革，命令的冲突也将导致失败，而且可能导致事故发生。在一个行业工作过一段时间的任何一个人都听说过，一个受到挫折的操作工或钳工转而对负责该项工作的负责人、主任和工艺工程师说："你们三个人就只负责做决定吗?"

按照英国民用航空主管部门安全监管小组提供的数据，70%的商业航空事故归咎于人为失误。从常规角度看，努力降低人为失误的重点在于飞行技术方面。然而，调查发现，对于一次飞行事故，培训不是发生事故的唯一决定性因素。事实证明，强调有效决策、沟通和领导力的团队资源管理（CRM）是决定人为失误或设备失效最终结果的一个关键因素。因此，在机务人员培训期间，现在更多强调人力资源管理（参考文献5.18）。

任何企业应有清晰的直线职权。尤其是在承受巨大压力的情况下，如：发生工艺异常或过程事件，操作人员应听从某一个人的指令，一个专门的负责人，这个人在当时可能并不是最高级别的官员。必须保证飞机上的全部机组人员听从机长的指令，而非飞机上拥有最高官衔的人员，这是既定原则；同样，只能由一个人向操作工提供指令，指令不应同时来自班长、车间主任和高级工艺工程师。这当然不是说，技术人员不能向不为其工作的工人提供建议和支持，但是企业员工应遵从直线职权，而非直接发出指令。另外，如果工人担忧指令的安全或其他问题，应鼓励工人对特殊指令提出质疑，而且最终将服从既定的直线职权。

在有些情况下，根据运行模式、即将开展的工作或其他事件，权力可以从一个人或一个团队转移到另外一个人或团队。例如，在发生紧急事件期间，操作班组通常将装置的控制移交给事故的现场指挥人员。当建设新装置时，应将装置从项目部正式移交给试车团队，最终移交给运行团队。许多工厂认为有必要制定一项关于资产管理的政策，针对停车、排料和准备检修，维修，然后恢复运行这段期间。

分配任务的职责也是非常重要的。任何任务分配给了"我们所有人"而且可由"我们之中任何人"完成，但往往很多时候"我们之中没有人"做这项工作。这种分工根本不会得到执行。因此，除日常活动所需的直线职权外，必须为行动项和重要的常规任务制定清晰的责任分工。

最后，既要对上负责，也要对下负责。如果经理仅不加限制地分配任务而不落实跟踪措施，他们通常会发现任务完成地很差、不能按时完成或者一点也没做。有效的领导者不仅仅是在任务截止期限时简单地看看与尚未完成的任务相关的指标，他们主动跟踪重要活动的进程，主动花时间召开面对面会议审查工作进展，讨论关心的问题，并协助消除工作中的障碍。更加重要的是，他们感觉有责任完成所有企业分配给的任务："如果我们中有一个人失败了，那么我们大家都会失败。"简言之，领导对企业的一切成功或失败负责。

已经制定清晰直线权责的企业，保证做到以下几点：

- 针对各项工作活动和项目/任务分配责任。
- 工人们始终了解直线职权。
- 技术和其他辅助人员了解直线职权，其权力范围清晰，而且他们的工作不超出现有完善的体系范围。
- 既要对上负责，也要对下负责；经理们既负责分配任务，也负责跟踪任务以确保各项任务顺利完成。

5.5.2 沟通

复杂操作需要协调工作团队内不同成员之间和不同工作团队之间的活动。这对加工危险物料的企业尤其重要，因为涉及多人协调工作的所有活动取决于有效沟通。

沟通包括以下部分或全部要素：(1)发送人、(2)接收人、(3)信息、(4)媒介和(5)反馈和确认方法。操作行为强调尽量减少与每一个要素相关的错误。减少沟通错误的例子包括：

- 信息构建采用标准格式，据此提醒接收人是否遗漏了重要信息或者跳过了某一整段。
- 提供书面指导和程序供发送人、接收人和其他人审查，因此降低部分信息丢失、混淆或出错的可能性。

● 设立备忘录,将信息的关键部分复述给发送人,这对口头沟通尤其重要。

● 利用结构化备忘录、检查清单和日志以补充书面指导文件。

● 在开展特殊或非常规活动之前为整个作业团队提供岗前交底,以及由具备相关知识和经验的人员实施的现场考察。

大多数造纸厂利用二氧化氯(ClO_2)漂白纸浆。R10®二氧化氯漂白过程要求定期进行一次短时间停车以"煮沸"二氧化氯发生器上的再沸器。在此期间,除提高发生器的效率外,还可对二氧化氯漂白过程的其他部件开展检修活动。在煮沸过程结束后,将溶液送回发生器(反应器)而且重新开始该过程。随着反应器和该过程的其他部分接近稳定状态,投用盐饼过滤器而且将一股溶液滑流引入该设备以最大限度地提高氯酸盐产量。

在常规煮沸期间,工厂管理人员决定对盐饼过滤器系统开展一些检修工作,因此要求隔离、排净、冲洗和打开该系统。该项工作顺利完成。然而,白班人员没有关闭其中一台通往盐饼过滤器管线上的排净阀。当夜班人员于下午6:00接班时,白班人员报告说他们已经重新启动发生器而且当时已经接近重新投用盐饼过滤器的时间。在交接班期间,没有提及对盐饼过滤器实施的作业,而且在值班日志上也没有记录。夜班人员认为所有阀门已处于正常位置,所以他们按照标准方式启动盐饼过滤器,造成二氧化氯溶液瞬间发生泄漏。幸运的是,该泄漏被立即检测到而且管线被隔离,未造成人员或环境造成损害。

尽管该起事件起因于管理体系的几个漏洞(如:未正确"复位"双截止泄放阀,没有检查清单来确保所有阀门在重新启动前正确校正),但极有可能发生的情况为:夜班人员已经知道进行了检修工作,在重新投用盐饼过滤器之前已经确认了系统状态。

5.5.2.1 检查表和日志

在交接班期间沟通不充分可能导致接班团队得到的信息不完整和容易遭遇不幸。例如,如果交接班没有专用的问题清单,则接班操作工虽然可能清楚地理解和记住交班操作工说过的每一句话,但是由于交班操作工很累而且可能忘记提及一些重要信息,所以接班操作工就可能没有接收到这些信息。在交接班期间帮助促进沟通的工具包括检查表和日志。由于在流程工业中的大部分装置具有连续运行的性质,所以在交接班期间有一个面对面会议,接班操作工和交班操作工在控制室或其他工作区进行交接班。然而,一次有效的交接班不会自己发生;所以需要一个管理体系为交接班提供指导。检查表与工作日志共同有助于确保将重要信息以书面形式传达给接班操作工，提醒接班操作工装置单元的初始状态。

提高运行装置单元内沟通效率的方法如下：

- 利用各种结构化表格，尤其是交接班日志。

- 设立口头沟通备忘录，要求接受人将信息关键部分复述给发送人。这在高噪音区、使用双通道步话机或声音可能被误解的其他方法时尤其重要。

- 提供所有停运设备的最新显示。

- 让交班人员和接班人员一起口头回顾交班日志中的信息

- 在交接班日志或类似记录中，明确规定：

○ 常规操作；

○ 切换操作(如：切换为生产一种不同的产品或切换至不同原料来源)；

○ 非常规操作(如：为减少污垢进行检修工作或临时注入一种添加剂)。

虽然检查表注明了已做完(或未做完工作)的工作，但通常缺少了各项工作完成时间和方式的细节。精心设计的交接班日志提供了结构化内容并使用专业术语，是捕捉信息的最好工具。交接班日志用于记录重要的日常活动和所有非常规活动/情况。操作工巡检记录通常记录现场设备每几个小时的运行状态/条件。同时，检查表、交接班日志和巡检记录形成了常规交接班信息沟通交流的坚实基础。企业应制定每种工具使用条件和记录哪些信息的政策。除帮助接班人员了解装置单元状态外，该信息通常是工艺故障排除和事故调查所需的一部分关键历史数据。

在开展低频率但非常重要的活动期间，使用检查表还可减少失误。例如，企业通常为需要在检修后确认的项目制定检查清单。在大多数情况下，检修团队不仅负责管理在装置单元停车期间的重要控制活动，而且负责做好装置重新开车前的准备工作。另一方面，运行团队通常负责检查阀门投用情况。尽管该示例相对简单，但大多数大检修包括大量复杂和相互关联的任务，而且如果不采取正式交接措施的话，则有很多出错机会。合理制定的检查表，经审查、更新、并由具体项目的具体检查清单加以补充，有助于保证在随后开车期间不会有任何差错。

检查表以同样的方式记录新建装置在施工、试车和运行团队之间的责任划分情况。应提前对这些检查表进行审核，确保它们涵盖了所有的关键活动。可将这些活动指定给各个团队，每个团队可利用检查表保持指定项目的状态。

检查清单的一个常见易犯错误是它们可能变得太熟悉或过于程序化，因此导致使用者不能认真阅读每个项目；他们只是在任务完成后在每个方框内简单打勾(或草签)。这是一个操作纪律问题示例；第6.2.3节强调遵守各项标准。另一个易犯错误出自设计方，他们倾向于关注使用者。尽管这是目的所在而且在正常情况下有所帮助，但它可能因盲目关注每个检查表条款，导致使用者忽略重大风险或问题。

5.5.2.2　指定阅读材料

交接班的另一种形式是当工艺条件、程序或物理设备发生变更时。在许多情况下，只要工人们了解变更内容，便可以快速适应这些变更。为帮助促进此类沟通，许多企业编制了必读的文件(如：一组文件，工作团队的每个人在每个班组开始工作之前必须阅读，如变更审批单,)。这也可采用操作工日志、电子邮件、张贴公告栏或类似单向沟通方法。这些系统的有效性通常直接与个人责任感有关。通常未收到阅读回执的电子邮件或张贴公告栏的效果很差。要求每个人在阅读必读文件后在空白处签字，是确保阅读和理解该信息更加有效的途径。在操作行为体系内使用上述任何一种方法，并通过主管以提问常规问题的方式作为补充，不仅会使人们回顾相关文件资料，也强调了沟通过程的重要性。由此提高个人责任感，这也是操作纪律的一个重要方面。

5.5.2.3　具体书面指令

口头指令，尤其是当涉及非常规任务时，应由书面指令提供补充。大多数企业要求任何临时或特殊指令都应当写下来，以确保非常规任务安全和可靠完成。正如一个常见名称含义，"夜勤指令"是一种书面沟通方式，用于当指令发出和/或实施时白班和夜班人员可能不在同一个场所的情况下。这些指令的发出应依据并强化固定的政策和程序。另外，夜勤指令应有限定期限。管理体系应启动对当前夜勤指令的常规审查，强制取消或纳入标准程序或政策。

5.5.2.4　口头交底

必须保证参与该项工作的所有人员了解总体计划。班前交底会为召集整个团队成员、重申任务和相关危害、强调关键步骤和解决任何成员提出的问题提供了机会。理想情况下，每个参与人员应在活动开始前认真阅读操作指南，充分了解危险性并提前理解所有关键步骤；然而，现实情况通常并非如此。召开面对面会议有利于负责人与相关人员审查关键步骤，而且更加重要的是，检查其肢体语言、评估其提出的问题并衡量每个团队成员的参与度，因此更好地掌握每个成员的理解程度。同样，在工作结束后的面对面讨论有助于保证正确纠正任务完成后的设备状态，也有助于发现完善计划和程序的良好时机。这种反馈是不断学习和改进的重要组成部分。

5.5.2.5　总结

有效沟通对企业或多人作业活动而言至关重要。文件、媒介和规则用于确保信息正常发送和接收，应基于正确接收信息和接收人采取正确措施的重要性。以多种形式交流和/或多次交流将提高可靠性。例如，为一项具体的一次性任务提供一份书面指导书或检查表，是通常情况下的最佳选择，但它可能限制了反馈信息。反之，发出口头指令便于立即反馈和理解确认，但接收方可能随后便忘记一些信息。与参与该项工作的团队成员召开一次班前交底会议对书面指导书或检查表进行审查，与仅采用沟通交流相比，可显著提高工作绩效。

有效沟通工具包括：

- 标准检查表，有助于保证不遗漏关键信息或步骤。
- 交接班日志，提供各项活动的时间顺序记录并有助于强调任何非常规活动或观察结果。
- 专业检查表，有助于分配各工作团队的责任，并确保在关键项目实施之前完成所有任务，如：一次大修之后的开车。
- 指定阅读材料，尤其是沟通微小变更的细节或通知可能受事故影响的人员、事件调查结果或危害分析结果。
- 书面操作指南，尤其当执行在现有程序或政策中未另外说明的非常规任务时。
- 班前交底。
- 任务后总结。

5.5.3 日志和记录

虽然日志和记录属于沟通形式的一种，但它们值得单独讨论。日志和记录很重要，即使记录人没有直接理由相信该信息的重要性。系统和设备通常能够在灾难性故障发生前提供大量预警信号，但早期预警信号可能由不同的人发现。如果孤立地进行评估，这些信号可能被认为是无关紧要的，从而被忽略。记录和日志，不管是纸质还是电子形式，使得工人们将当前操作参数与历史数据做比较，并据此评估变化和趋势以确定变化速率。

> "C"班人员注意到控制系统响应速度较慢，但他们没有将该项问题通知给"D"班人员。12 小时之后，"A"班人员在休息 7 天后回到班上并且也注意到了系统存在的响应时间问题。然而，没有人在日志或报告中记录该项问题，因为他们认为该项问题不重要而且不定时发生。几个小时后，在"B"班人员到达后不久，控制系统发生极为严重的故障。

日志/记录应用于记录以下内容，包括：(1)工艺条件、(2)主要设备项、(3)异常活动和(4)事件或计划外事情。许多过程的控制采用具有记录大量数据功能的数字电子装置。这些数据在故障排除时将变得非常宝贵，而且操作工应经常监控这些数据以逐渐确认其发展趋势。要求现场操作工利用现场仪表每隔几个小时记录一套读数并将它们与控制器数据做比较，也是一种值得提倡的做法。工作日志或巡检记录应包括上限和下限以便于和不安全/不合格的范围做比较。另外，现场操作工可能会注意到异常高或异常低的读数，但未能认识到该读数已超出工作限值。理想情况下，应记录这些读数随时间变化的趋势，从而提高工人精确判定某个具体参数的变化、还可能指出与控制功能相关联的传感器存在标定误差。另外，现场信息还可用于识别工艺条件的快速变化，这些变化未能被控制系统识别可能是由于控制系统的失效所致。另外，有些关键信息源于对作业现场状况的直接观察；声音和气味非常重要，而且可能提供数字本身不能提供的信息。（关于设备监控的更多信息请参考第5.7.2节）。

大多数企业在重大事件报告和调查方面做得很好。操作行为体系还要求勤于上报并调查未遂事件-如果安全系统失效，这些未遂事件可能导致严重后果。然而，最佳的操作行为体系要求记录这种预料之外事件，即使没有损失事故发生。例如，安全仪表系统的一次测试失效，通常被视为未遂事件，即使该次测试的目的是发现和修复缺陷。为公开报告这种类型的事件建立方便快捷的渠道，并对结果进行跟踪，有助于识别管理体系、过程设计和工艺操作的逐渐失效或薄弱环节。

5.5.4　培训、技能保持和个人能力

由于人为失误是导致许多重大事件发生的重要原因，因此初始培训和再培训是确保企业高绩效的关键要素。一些系统利用高度的硬件冗余最大限度减少了单个组件失效频率或后果，在这些系统中由人为失误造成的事故占到系统故障的90%以上（参考文献5.19）。本节内容介绍的培训-行动措施，用于指导工人们如何执行新任务及程序或者复习相关知识。一个有效的培训计划，其主要特征包括：（1）内容以学员的需求评估为依据，（2）授课日程安排恰当（定时或定期），和（3）按照既定标准检验学员的培训成绩或掌握程度。

2007年1月30日，在西弗吉尼亚州根特市的一家小杂货店内，一名助理技术员根据安排将一台原有储罐中的液化丙烷转移到一台新安装的替换储罐中。当该技术员拆除液体采出管线上的一个旋塞时，液体丙烷发生泄漏。该管线很少使用，而且具有安全特征（有一个穿过螺纹的警报孔），这本该可以提醒技术员旋塞下面的阀门发生了泄漏。美国化学品安全与危险调查局（CSB）认为该技术员因缺少经验和培训而导致可能不了解该安全特征。由于无视泄漏警示信号并拆除了旋塞，所以导致大量化学品泄漏，最终造成剧烈爆炸，导致4人死亡和6人受伤（参考文献5.20）。

在以下情况，再培训尤其重要，包括：（1）要求工作执行一项任务但是该工人却鲜有机会回顾作业程序；（2）绩效要求很高；（3）不太经常执行该项任务（或者第一次执行该项任务）。即使仅满足其中一个或两个条件，该项任务也需要再培训。在许多情况下，制定一个与具体活动相结合的事件驱动型定期培训很有意义。例如，应在检修开始之前不久制定检修之前停车和检修之后开车的再培训计

划，与按照日历定期培训的计划相辅相成。

对培训效果的验证可采用三种形式：书面考试、口头考试(正常采用标准化面试)、或操作演示。每种方法均有其优点和弱点。与参考知识评估考试相比，书面多选选择题考试已经能够更加有效评估学员的能力。非标准化口头测试可能不是非常可靠，因为考核每个培训生的问题深度可能有很大差异。

操作演示通常是评估技能培训掌握情况的最佳手段。它通常由一系列体验式学习活动组成："看我做"，然后"我看/教你做"，再然后"我看/考你"。这种方法不仅有助于保证学员能够完成任务，而且也是强化培训的一个非常关键的步骤。设计合理的考试(1)激励学员更加关注并练习新技能和(2)提供指导学员的机会。不管采用哪种评估方法，应认真记录并充分掌握所执行的任务、操作条件以及最低操作标准。这有助于保证标准的有效性而且促进在绩效评估过程中的公平感。

通常情况下，设置模块化的系列培训计划，各培训计划之间没有内在关联。正如工学院课程的重头戏通常是一些"高级项目"，该项目要求学员证明自己具备将从众多课程中学到的知识应用于某一个问题的能力，这是培训计划结束前最终的评定过程，有助于鉴定学员是否完全掌握并能够有效应用他们所接受的培训知识。该过程通常是标准化面试，面试官为一位知识渊博的经理或一个由多位同行及主管/经理构成的小组。有时候，该过程还包括由装置单元负责人在作业现场进行的标准化面试，其目的在于同时评估学员能力和培训计划的质量。

最后，培训计划应符合目标要求。这些目标可能包括指导学员：(1)遵守程序(基于规则的行为表现)；(2)熟练完成一项活动(基于技能的行为表现)；或(3)诊断一种情况和并采取适当措施(基于知识的行为表现)。在既定范围内，每种方法都有其自己的定位。另外，培训应强化工艺限值和操作限制条件；而且无论一个人的知识水平有多少，都不得故意违反这些限制范围。

执行一项学开汽车的任务。驾驶学员必须主动处理每项信息，确定行动方案，然后作出反应。例如，当接近右转弯时，驾驶学员可能需要在脑海中仔细过一遍动作要领(查看交通状况、打转向灯、右转、减速行驶等)。随着驾驶经验和能力的提高，右转弯(和一般驾驶)则需要较少的意识思维(技能型)。在更加复杂的环境中，例如化工厂，有些活动(如：执行一个批量运行程序的检查表)的实施应基于工厂的规章制度。对于经常执行的任务(如：启动一台离心泵)，培训计划应力争实现学员的技能型行为。其他活动培训(如：故障排除)应为学员提供执行知识型任务所需的知识、技能和能力(详见第4章)。

有效培训计划具有以下特征：

- 培训课程尽可能切合实际，利用模拟装置(若有)。
- 适时提供初始培训。
- 定期并及时提供再培训。
- 学员的考核应依据特定标准，尽可能模拟真实工况。
- 学员接受指导并及时反馈信息，有助于改进其培训表现。
- 培训可以增强基于规则、技能或知识的反应能力，取决于预期的工作性质。

有效的培训计划不会停止教人们"做什么"，而是进一步解释该过程如何运行、计划行动为何有效、发生故障的原因是什么，以及未正确开展行动时可能会发生什么。这种理解有助于人们快速识别工艺波动或异常情况并作出响应。对该过程的深入理解是"基于缜密思考的遵守"的前提条件，具体内容详见下一节。

5.5.5　遵守政策和程序

操作行为/操作纪律的基础之一是遵守各项政策、程序和既定做法。任何捷径，尤其是经管理人员认可(或有意忽略的)的捷径，可能会破坏整个程序。这反过来要求及时更新各项程序并保证其准确性，同时要求培训与各项程序要求相匹配。

> 工厂的程序要求工人将卸油软管连接至一台氯气铁路油罐车后，在检测是否有泄漏时应使用防毒面具和防酸工作服。然而，经常负责执行该项任务的工人已经对该项装配操作十分熟练，而且很少遇到泄漏情况，尤其是重大泄漏。有些时候，他们放弃穿戴又热又不舒服的安全装备，直到有一天，当他们打开一台铁路油罐车上的阀门时，发生了大量泄漏。尽管工人们立即逃离没有受伤，但由此产生的氯气云阻碍他们迅速关闭铁路油罐车上的阀门，造成了大量氯气泄漏。

遵守程序有助于保证质量、整体可靠性和企业效率。例如，航空公司的机组人员在任何一年内很少一起工作超过数天。然而，航空公司却拥有令人羡慕的安全记录和机舱工作人员效率，部分原因是由于公司为每项任务制定了相应的程序，从起飞前检查到飞机清洁和服务，并且拥有完善的文化使命用于遵守各项规定。

最后，应有一个完善的"基于缜密思考的遵守"预期。也就是说，被安排执行该程序的人，以及他或她的同事和主管，应密切注意该程序未完全解决的各种危害。应仔细评估异常或意料之外的反馈信息或工况，或者任何程序未满足或不适合工况的类似迹象。在这些情况下，仅由于该程序不会明确说"停止"而作出继续执行任务的决定，很明显不是专业化操作的做法。应立即将操作切换至安全

模式，直到该问题得到评估和解决。

提倡遵守规章制度的企业具有以下特征：

● 对于因异常状态而中断工作的人员，企业对其关注细节提出表扬而非惩罚，不管他们关注的问题是否得到证实。

● 当对各种程序、政策或做法提出改进建议时，采用正式的变更管理体系对该项建议进行评估，其审查范围应包括正常/预期情况和可靠的异常情况两方面。

● 管理人员和监督人员努力保证改进结果不建立在走捷径或未经授权修改既定程序、政策和做法的基础上，而且无论创新程度或结果如何，他们应采取合理措施阻止未经授权的变更。

5.5.6　安全和有效的工作环境

人们通常根据工厂的清洁作业情况形成对该工厂的第一印象。一座干净、秩序井然的工厂通常"令人感觉"更安全有效。在大多数情况下，这是一个非常正确的假设，但更多是基于相互关联作用而非因果作用。换句话说，对工人保持干净和有序工作产生影响的文化因素，通常也对工人遵守其他标准产生同样的影响。

CSB 出版了一份调查报告，报告中三起不相关的粉尘云爆炸共夺走 14 条生命(参考文献 5.21)。根据该报告：

2003 年 1 月 29 日，北卡罗来纳州金斯顿市的西部医药服务工厂发生了一起巨大的粉尘爆炸，造成 6 名工人死亡，设施被毁。……

西部医药公司在该工厂生产橡胶注射器柱塞和其他医药设备。在橡胶化合复合过程中，新磨碎的橡胶条被浸入聚乙烯、水和表面活性剂混合浆液中以冷却橡胶并提供抗粘涂层。随着橡胶逐渐干燥，微细聚乙烯粉末漂浮在吊顶以上空间内的气流中。

聚乙烯粉末逐渐聚集在吊顶上方的表面上，为毁灭性的二次爆炸提供了燃料。在能看得到的生产区保持极其干净的同时，很少有员工注意到粉尘积聚并藏在吊顶上方，而且也没有人注意到可燃粉尘的危险性。

该次事故用示例证明：保持一个看似干净的工作环境与保持一个安全的工作环境是不同的。尽管保持一个干净的工作环境有许多理由，但这不一定是保证安全运行的充分条件。

虽然保持良好的清洁作业可能是一个值得追求的目标，并且可能对于保证特定环境中的工人或产品安全而言至关重要，但保持卫生清洁本身不是最终目的。在过程工业中，保持清洁和整洁并不能保证安全；然而，干净有序的设施必然比未强制实施清洁作业标准的企业更加安全。

操作行为和操作纪律——改进工业过程安全

高效的企业了解确保安全和有效工作环境的各个因素，并采取措施确保这些因素落实到位。例如，粉尘可能造成的危害包括从滑倒和摔倒受伤、到致命性肺部疾病和致多人死亡的爆炸。然而，一个安全和有效的工作环境要求的不仅仅是装置的外观整洁。

保持有序的工作环境还有助于提高生产率。除造成安全危害外，混乱和无序还导致人们浪费更多时间寻找东西、走捷径或使用错误的工具或部件。许多公司已经使用"5S"管理作为其全面质量管理工作的一部分。该方法与操作行为/操作纪律程序融为一体，并包括以下五个步骤：

（1）整理：保留需要的，丢弃不需要的。

（2）整顿：工具、材料、部件和其他物品分类布置，便于寻找和效率最大化。

（3）清扫：保持干净的工作环境。

（4）规范：将材料、程序和例行程序规范化。

（5）素养：维护和执行组成5S管理的各项标准。

如果在一个干净、有序的环境中工作，工人们逐渐变得更加自豪，源于工作中的自豪感可正面影响操作中其他更加具体的方面。无论如何，一个杂乱无章、落满灰尘或组织混乱的工作环境既不安全而且生产效率也不高。

致力于保持安全和有效工作环境的活动应包括：

● 开展清洁作业大检查，检查范围覆盖工厂的所有区域，包括办公室、实验室、门卫、检修厂房和其他作业环境。

● 标志清楚，垃圾桶摆放位置合理，有助于防止不正确的垃圾处置造成事故或环境问题。

● 整洁有序的储藏间，区域分隔合理，制定并执行适当的清洁等级标准，控制通道。

● 明确所有工人的期望，包括办公室人员，就他们为确保安全和高效工作环境必须完成的工作而言。

5.5.7 操作辅助——可视化工厂

第4章讨论了改进人员表现的几种方法。视觉往往主宰人们的感觉（"眼见为实"），因此工厂状态可视化是改进人员表现的最有效方法之一。可视化工厂包括设置标签、标识和彩色编码，但这种做法远远超出了为异常工况提供可见指示的范围。

引进的分布式控制系统和可编程逻辑控制器在过程控制方面带来了许多进步，但这些改进也减少了工厂某些方面的可视化。旧的模拟控制面板描绘了整个工艺过程的物理布置，一位有经验的操作工可以通过快速浏览旧的模拟控制面板

94

即可完成监控该过程和识别任何异常情况需要的全部工作。报警面板通常设置在朝向控制面板的顶部，在控制室内最值得注意的事情之一是报警面板上的指示灯。由于可能报警的工况数量是有限的，所以这些报警通常说明发生了严重的工艺波动，而且操作工通常及时对这些报警做出响应。

在高度自动化的工厂中，为实现信息优化并提供提醒，引导员工使用正确的数据，从事控制和报警系统设计的工程师将承担更多的责任。工厂员工应识别每个工况下所需的信息(数据)，然后确定如何用一种工厂可视化的方式为员工提供该信息(显示、报警、日志、口头沟通、观察等)。最后，实施全面审查，确保员工能够正确理解和优先考虑该信息。

合理设计的可视化显示器使用颜色和符号说明哪台设备已投用，任何联锁是否已激活，或者其他异常工况是否存在。对于批量或分步实施的工艺，控制系统还应在操作控制台上的标准位置标识工艺步骤。

一家专业化学品制造商在厂房内运行其装置以防产品污染。产品纯度要求非常高，在几种情况下，分离结晶和色谱分离过程使用易燃溶剂。一种高度易燃溶剂在过滤后进入主要生产厂房，该过滤器布置在拥挤的厂房中一间未被占用的房间内；因此，在过滤器附近安装了一台溶剂传感器，可在出现任何泄漏时提醒操作工。然而，每当过滤器更换一次，溶剂传感器起跳一次。为防止误报，该工厂修改了过滤器更换程序，即改为：首先用一个帽子盖住传感器，然后更换过滤器，等待数分钟，确保溶剂蒸气被清除，然后取下传感器上的帽子。不止一次，操作工忘记取下传感器上的帽子，过滤器垫片随后失效，造成大量溶剂泄漏到厂房内。幸运的是，可燃蒸气云没有遇到火源。

在这次事件之后，该工厂修正了包括用帽子盖住传感器在内的所有程序。现在严格控制每个工艺区可用的帽子数量，而且将这些帽子存放在控制室内显眼的位置。如果一个帽子不在其固定位置，则墙上可见一个大的红色圆圈，提醒操作工查找并取下帽子(除非确定正在更换过滤器或开展类似活动)。

可视化工厂能够将任何异常情况快速通知操作工，包括：

- 安全系统被绕过、受损或失效；
- 有缺陷的的工艺报警；
- 超出规定范围的工艺条件；
- 不可用的备用系统；
- 正在进行中的特殊检修或试验活动。

5.5.8 对偏差的零容忍

偏差有多种形式。正如本章前文所述，人们的行为可能偏离既定程序、政策和做法。工艺操作可能有意或无意地超出既定范围。设备可能在安全系统已经停用的条件下运行。每种情况都涉及缺少保护层，可能造成严重后果。

操作行为/操作纪律强调每次以既定的方式且准确无误地开展作业活动。在本章和本书中描述的许多体系对这一理念进行了推广。不管整个企业或个别员工是否了解，偏差都不能被容忍。本节内容强调大多数人了解的各种偏差。第6.2.3节强调个人遵守程序和标准。

> 外部燃料箱脱落的泡沫造成哥伦比亚号航天飞机事故，是偏差被广泛接受的一个铁证。美国宇航局虽然制定了《泡沫零脱落标准》，但在哥伦比亚号于2003年1月发射之前已经超过60起有文件记录的泡沫脱落事件。作为一家组织机构，美国宇航局已经逐渐接受这种风险，但从未修订其泡沫脱落标准(参考文献5.22)。

有效的操作行为体系有助于建立拒绝容忍偏差(至少不是很多或很长时间)的企业文化。当面对偏差时，企业的反应是"这不像我们"或"这不是我们做事的方式"，且采取行动有效管理风险并及时解决问题。

推行偏差零容忍理念的一个关键步骤是制定非常明确的标准。例如，几乎所有过程安全管理体系都包括一项针对操作程序的安全系统要求。这只是部分要求，使得操作工知道当重要系统跳闸时应如何响应；尽管如此，当这些系统停止运行时，它还有助于操作工和其他人约束管理人员的责任。遵循标准的责任是双向的：管理人员为工人设置预期，但工人也应约束管理人员对纠正偏差负责。

某一个海上采油平台可能存在以下情况：

- 在1区的两个气体探测器因误报警被禁用。
- 检查员发现另一个区的烃管线壁厚减薄，因此发出指令要求操作工加强对该区的监控。
- 在上周的安全系统测试期间，主要消防泵未启动，但启动了备用消防泵，而且安排一艘消防船在该区待命。
- 将排污管线迁移到一个安全场所，其过程危害分析确定的两项行动措施还未执行且目前已经逾期。
- 2区动火作业计划今天进行，作业场所靠近1区。
- 平台安全切断阀的测试已经推迟三个月。
- 根据要求，平台上部分流量管线超出上月腐蚀速率值带病运行；这是一个经授权的变更，而且这些管线也在严密监视中。

与上述每个情况相关的风险可能被视为可容忍的风险。事实上，今天在类似条件下运行的平台，仍然不会发生损失事件。然而，当这些因素被输入工厂的定量风险分析时，模型显示累积效应增加了超过 100 的风险因子。

在大多数严重过程安全事故发生后，人们通常对工厂这样评论，该工厂多么不幸，几种看似无关的情况同时发生。实际上，往往有一个共同的原因：工厂容忍偏差而且不能及时纠正这些偏差。

风险是一个频率函数，通常取决于暴露时间（假设场景可能发生的时间段）。应尽可能避免偏差的发生，并应在它们一旦发生时立即采取纠正措施。尽管有些人可能认为在驾驶一辆汽车时有一只大灯失效是安全的，但建议继续驾驶直到第二只大灯失效才去修理无疑是一种非常愚蠢的做法。尽快更换失效的大灯，在驾驶时通过减少遇到大灯失效的情况来降低风险。同样，尽快采取措施解决偏差并快速恢复为标准操作程序，重新建立标准运行条件，并且恢复设备至正常运行条件，通过减少暴露异常条件降低风险。

拒绝容忍偏差的企业具有以下特点：

- 整个企业的所有人员都对各项标准有深刻的理解。
- 管理人员以身作则推广和执行标准。
- 当变更标准时，应明确变更理由且合情合理；标准变更的理由不能仅仅是因为不方便或者对短期经济效益有负面影响。
- 如果需要在标准范围外运行，应有一个例外的授权程序，该程序应适当考虑风险，而且应被严格遵守。
- 不管预期结果或者该项活动是否与其工作职责有直接关联，当程序不被遵守时，企业员工应主动拒绝来自其他方法的诱惑。
- 当在未经授权的情况下违反一项标准时，应追究所有负责执行标准、被授权执行任务和主动参与人员的责任。
- 工人们应相互监督，严格遵守各项政策、程序和标准。

5.5.9 任务确认

精心设计的系统容忍发生人为失误。根据第 4.3 节描述，人类易犯错误，即使是最好的工人也会出错。因此，高度可靠的程序控制措施在识别和修复错误以防止错误引发事故方面扮演重要角色。

生产特殊中间化学品的最后两个步骤是溶剂洗涤和真空干燥。一旦产品干燥步骤结束，则储存起来供将来使用，有时候在仓库中存放数月。溶剂洗涤的主要目的是脱除与松散材料慢慢反应但会放热造成温度上升的一种杂质。如果存在很多杂质，则材料可能达到自燃温度。

由于安全和产品质量原因，该工厂安排第二个人确认操作工完成每个步骤，包括溶剂洗涤步骤。然而，该项工作逐渐演变成在每生产一批产品后数天内"检查作业文字记录"。更为糟糕的是，确认人员仅"修正文字记录"而不去调查出现异常状况的原因。

在调查一次未造成人员受伤但却造成数百万美元财产损失的仓库火灾时，已确定有一批材料存放在起火点附近。事故调查组确认：(1)历史工艺数据表明在规定洗涤时间内通过溶剂管线到洗涤罐的流量为零，(2)确认人员已在批量单上签上操作工的姓名。这两点表明洗涤作业的完成完全是基于操作工自己认为完成的记录。

几乎所有许可证制度都有一个确认步骤。例如，若要申请一个动火作业许可证，则钳工、焊工和操作工通常准备动火作业区且由监督人员检查作业现场，利用许可证确认所有要求已被满足。然后，监督人员批准实施动火作业。其他检修和非常规作业也常常使用类似制度，主要原因是这种类型的工作可能遇到特殊危害且各作业团队之间可能存在沟通问题。

如果一个人为失误造成的后果是不可接受的，那么则需要考虑增加一个独立的确认步骤。自我检查是一个有用的做法，但关键步骤应由未执行该项工作的其他人来确认。为防止过于自信，"执行人"和确认人应非常理解这些特定步骤为何非常关键。根据仅对一个单一问题"你每件事情都做对了吗?"的有效提问以及仅凭执行人提供的签字保证，这种做法是危险的。另一种甚至更糟糕的做法是，审查检查表，并且将表中空白部分在未经确认该项任务是否已正确完成的情况下便补充完毕。

另外一种替代做法是利用硬件确认的方法。这种方法通常被称作防错技术，该方法利用工程特征来执行正确的行为。例如，为防止触电，在电机控制中心的叶片上安装了机械联锁，因此防止在断路器合闸时门意外通电。

另一种确认形式是计划作业观察。当实施新程序或者将新程序作为定期确认现有安全关键程序的一部分时，监督人员或其他指定人员直接观察执行该程序的每个工人，当工人失误时纠正错误并提供失误率反馈意见，以便做出适当调整。

除正式确认过程外，对工人自我检查的确认也很重要。例如，假设该项操作是为了补充一批添加剂，包括2袋催化剂、3桶添加剂和1L染料溶液，程序要求操作工开始将全部所需材料移动至批量处理罐的人孔中——不能多，也不能少。为保证按正确顺序添加材料，应使用一份检查表。通常情况下，比如批号等数据需要记录在这种类型的检查表上，促使操作工在储罐添加材料时将表填写完毕。一般来讲，最后步骤是清点空置容器的数量，以保证没有什么遗漏而且没有多余的材料添加到储罐中。同样，零件和工具应考虑采用物理防错方法。例如，

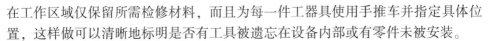

在工作区域仅保留所需检修材料，而且为每一件工器具使用手推车并指定具体位置，这样做可以清晰地标明是否有工具被遗忘在设备内部或有零件未被安装。

事实证明，检查表在各种情况下都是一个非常有用的工具。根据第 2 章所示，世界卫生组织最近研究表明，在手术之前使用一份简单的 19 项检查表，手术后死亡率可减少 50% 而且并发症发生率减少 35%（参考文献 5.23）。

程序应说明任何活动的预期反应，操作工也应接受对反应进行确认的相关培训。例如，在启动一台泵后，操作工通常确认出口压力在正常范围内而且目测确认阀门设定正确。如果未观察到预期反应，则应暂停该项活动（或者将工艺过程或设备切换至安全模式）直到该问题得到解决。

提升确认工作效果的方法有如下几种：

● 在程序中包含预期的系统反应，对操作工进行培训，使其在完成每个行动步骤后确认系统的反应符合预期要求。

● 使用危害分析方法识别高风险操作或工况，即单个人为失误可能触发导致不可接受结果的一连串事件；考虑执行一个有效确认步骤，以及时帮助识别和纠正错误。

● 当人为失误可能带来严重或特殊危害时，实施确认过程，如：计划作业观察。

● 需要对过程安全至关重要的所有活动进行独立技术审查和确认，如：化学分析、工程计算、设计工作、危害与风险分析、以及事件调查。

● 实施防错和其他可视化方法，以确认各项活动得到正确实施。

5.5.10　监管/支持

在许多其他职责中，监管人员承担的角色包括培训、教练、领导、协调、支持、技术授权、评估和执行等。在许多方面，监管人员是生产企业的实时风险经理。他们日复一日、逐个小时地作出决策、应用资源、指导工作和执行政策。一个操作行为体系的有效实施取决于这种出色的领导力。

1987 年 3 月 22 日早上，英格兰格兰杰默斯港口一座炼油厂的加氢裂化装置在重新开车时，一个虚假的高温读数造成该装置自动停车。在该项问题得到解决后，人们决定将该装置保持气体循环，并在经验丰富的白班监管人员上班后重新启动该装置。正常交接班时间在早上 6：00，留有一份关于装置保持气体循环并等待白班监管人员上班的说明。基于某些理由，操作班组于上午 7：00 才启动开车程序，而且开始手动打开为预热管线和确认管线未堵塞而隔离高压分离器和低压分离器的液位调节阀。当班的控制室操作工未接受过该方法的培训，他以前也未执行过该项任务，而且他没有坚持等到白班监管人员上班。在手动打开高压分离器液位调节阀后不久，残余液体进入低压分离器，紧接着高压气体也进入低压分离器。这使得低压分离器爆炸，产生大量烃泄漏和蒸气云爆炸，事故导致 1 名工人死亡，低压分离器（质量达到 3t）碎片炸飞距离达到 0.5 英里（参考文献 5.6）。

除了保持公司的记录，企业领导层建立了企业文化和道德。有效的领导者接受他们为其团队（或组织）尽职或未尽职的每件事负责到底的观念。

第 3 章阐述了领导力的承诺。一个有效的操作行为体系取决于企业所有层次的有效领导力。尽管有些人好像天生具备领导力，但是领导力是一种可以学习、练习和磨练的特质。企业通过鼓励开展以下活动确保有效的领导力：

- 新监管人员的领导力培训计划与所有监管人员的再培训计划；
- 信奉操作行为体系的文化，同时驳斥使操作行为看似不重要或者将其归类为"门面粉饰"的任何声明或行动；
- 一种文化，可确保某人犯错时在采取纠正措施和采取纪律处分之间保持可靠、可预测的平衡；
- 监管人员之间增进理解，认为每个工人都是独一无二的。通过任务分配、确认和其他活动，有效的监管人员可通过发挥工人长处、弥补工人短处的方式促使工人成功；
- 管理层支持监管人员在推动操作纪律理念的方面发挥作用；
- 定期强化监管人员应理解和执行的安全原则。

5.5.11 安排可胜任的工人

工人资格审查始于聘用阶段。尽管不在本书范围内，但一个有效的人力资源管理程序对企业而言十分重要，用以确保新聘用（和再分配）工人具备新岗位所需的基本能力和教育程度。工人经过培训、积累经验、监督指导和纠正反馈等变得能够胜任工作。工人在吸收某些观念方面的能力因人而异，而且有些工人比他人更加擅长执行特定技能任务。应利用这些内在差异提高工作团队的工作效率。另外，在执行特定任务时，某些作业活动的开展需要有特定资质，如：焊接。

> 在英格兰弗里克斯镇的耐普罗工厂，工人被安排设计 4 号反应器和 6 号反应器之间 20 英寸旁通管线，他们虽能够胜任管道系统预制工作，但却不适合开展管道设计工作。在这条 4 号反应器和 6 号反应器之间 20in（1in＝25.4mm）旁通临时管线安装完成后大约两个月，连接在跨接管线上的波纹管破裂，导致大量环己烷泄漏。结果导致蒸气云爆炸，造成 28 名工人死亡。根据弗里克斯调查报告，在灾难发生时既没有车间工程师在场，也没有足够的合格机械工程师在场（参考文献 5.9）。

安排工作积极性很高但不能胜任工作的工人去危险场所工作是导致灾难发生

的主要原因之一。不能胜任工作的工人通常意识不到他们不了解的事，并且看不到问题的根本所在。积极主动但却不能胜任工作的工人通常在制定计划并实施时，对可能出现的问题仅仅给予肤浅的考虑。根据第5.5.4节所述，有效的培训计划最重要的步骤是能力资格证明考试。高绩效企业包括该步骤，并在在必要时推迟工作时间直到有工人合格为止。

5.5.12 门禁管理

为降低风险，应将人群集中区与危险区分开。在有人执行关键作业时，防止大量人员集中在一个场所，以免出现人为失误。

> 1947年4月16日上午8：00刚过，在货船Grandcamp上4号货舱内检测到发生火灾，与此同时，得克萨斯州得克萨斯市正在将硝酸铵和其他货物装船，一系列糟糕的应急响应决策导致火灾不断扩大，而且异常色彩斑斓的火焰吸引了市民赶往Grandcamp事故码头。很明显，火灾现场是不安全的，然而从整个城市来的人们希望靠近现场一看究竟。上午9：12，在最初发现着火之后一个小时左右，发生的一次爆炸导致至少468人死亡，其中大多数仅是因为来看热闹的(参考文献5.24)。

在Grandcamp爆炸事件发生后许多年，看热闹的人学会了远离而非接近危险化学品事故发生场所。然而，在一次工艺波动或高度危险运行期间，出于善意的装置人员通常进入控制室或靠近工艺区的其他场所监控事件进展情况、贡献其想法，或者提供额外的帮助。从最好的角度看，这可能分散处理事故人员的注意力；从最坏的角度看，如果事情无法按计划进行，将会有更多的人受到伤害。另外，还会造成混乱，尤其是一位不负责应急决策、出于善意但却无知的高级经理开始发出指令时。比较前沿的发展现状是，为仍在实施停车过程或采取其他应急措施的危机管理团队、应急响应团队和运行团队提供一个单独的集合场所。利用合理的团队内通讯工具，有助于每个团队专注于其自己的任务而且减少混乱。

即使没有吸引工人聚集在一起的特殊工况，分配至各工艺装置的工人也倾向于集中在控制室内。如果集合地点是一个不安全场所或者可能干扰控制室操作工执行重要任务，则监管人员必须进行干预。

除对进入重要工作场所进行控制外，还应限制那些经过适当培训和需要在场的人员进入有危险源存在的运行装置。门禁控制程序应强制进入人员和该区域负责人(如：通常是一位操作工)之间通话，确保进入人员说明他或她为什么需要进入该区域并且他或她计划在那里做什么，该区域负责人可告知进入人员任何特殊情况或当时可能存在的独有危害。另外，所有非操作人员的进出记录可在紧急疏散时帮助统计人员。

5.5.13 常规作业

人类是习惯性动物。一旦我们确定了开车上班的最佳路线，我们很少在缺少具体信息如交通路况的情况下偏离该条路线。常规路线可减少压力，而且由于我们逐渐了解一条熟悉的路线上的各种危害（看不见的障碍、急转弯等），所以在一定程度上将提高安全性。同样，将基于知识的活动转变为基于规则的程序或基于技能的习惯，通常将提高人类可靠性。当常规活动未遵守既定程序时，则设置一个陷阱，就像如果其他防护措施失效，便可能发生事故。对于倡导走捷径或不遵守各项程序的常规活动，必须及时予以发现和纠正。

> 在大多数工厂中，每天上午召开一次由装置主要人员参加的碰头会，主要回顾前一天的运行结果，制定当天计划，并且讨论其他即将到来的或异常的事件。通常情况下，碰头会按照一套会议日程进行，因此保证涉及所有方面。然而，主题顺序很重要，而且这是一个强化价值和目标的极好机会。如果第一个议程项是生产、绩效、配额或目标，则它传达了一个与首先讨论安全绩效截然不同的信号。

常规活动促进协调性。如果预期的活动变成常规活动，则绩效通常得到改善。然而，也不总是这样。例如，当工艺或装置的物理布局发生变化时，或者如果在同一个区域有两套类似但稍有不同的装置，则可能错误地将习惯和常规活动应用到错误的系统中。同样，如果在不同条件下需要用两个类似但却不同的程序进行装置开车，则更加可能导致工人使用错误的程序。当存在这些情况时，需要使用专用标签和色标，以及使用更高的自我和同行检查标准。然而，改变常规做法的好处之一是从不同的角度看问题。正如外操经常立即发现不安全情况一样，例行巡检工人更加可能发现异常情况，因为他们不会被每天数次按行走路线检查的简单任务所蒙蔽。

考虑建立常规活动的标准做法，如：

- 操作工定期巡检；
- 作业前危害审查；
- 开车准备审查；
- 交接班；
- 每日生产评审会；
- 检修计划和协调会；
- 管理评审；
- 基建项目审查；
- 设计审查；
- 危害审查；

- 材料交付、转移和运输；
- 承包商简报；
- 清洁清洁。

最后，如果计划活动外的某些事情变成例行活动，则绩效将会受到影响；而且如同很难改变旧习惯一样，纠正偏差将更加困难。

5.5.14　工人疲劳/岗位能力

岗位能力曾经是药物和酒精筛查用的一个暗语。在药物滥用或酗酒损伤确实对工作绩效产生不利影响的同时，其他问题也会影响员工对工作的胜任程度。疲劳也是造成损伤的一个常见原因。由于运行生产装置需要高水平的培训和高工作强度的时段(如检修)，所以员工有时候需要无休假延长倒班时间并连续工作数周(关于排班计划、排班时间和加班管理的专门指南，请参考 CCPS 出版的《提高过程工业绩效的人为因素方法》和 API 推荐做法［RP］755［参考文献 5.25］)。

1989 年 3 月 24 日，超级油轮埃克森·瓦尔迪兹号在阿拉斯加州威廉王子湾布莱礁搁浅，大约 250000 桶原油泄漏到海中。尽管有严格的航行声波检测规则，但油轮船长仍按常规评估浮冰和迎面而来的船舶带来的危害，而且故意偏离其既定航道以更快到达开放水域。

在事故发生的当晚，超级油轮埃克森·瓦尔迪兹号行驶在既定向南行进的大洋航线外侧以避免浮冰。在事故发生前不久，油轮船长将船舶控制权移交给三副，这违反了美国联邦法和埃克森的规定。美国国家运输安全委员会确定触礁的原因之一是船长和三副在事故发生时不宜出勤；前者是因为饮酒而后者是因为睡眠不足。在事故发生时，船长的血液酒精含量估计为 0.20%，而且三副值班时间已超过 20 小时(参考文献 5.26)。

除损伤和疲劳外，影响岗位能力的因素包括生病、因个人问题导致的精神错乱和精神状态。不管具体原因是什么，同事、监督人员和其他人应当警惕任何工人不适合出勤的迹象，而且应制定专门程序处理岗位能力问题。

在制定岗位能力问题处理程序时应考虑以下问题：

- 将受伤工人转移到一个安全场所；如果因此致使装置人手不足，则应及时将工艺切换至安全/稳定状态。
- 如果对是否替换一位工人的必要性不太清楚(如：工人很累或者罹患轻微疾病)而且工人相信他或她可以继续工作，(1)应密切监控该工人活动；(2)尽力提供工作调剂或者重新安排该工人执行不太重要的任务，和/或(3)单独评估该工人情况(如：通过工厂护士或第二监管人员)。
- 企业应有这样的规定，对于不相信自己能够安全地继续工作而自愿离岗

103

休息的工人,其承担的行政后果严重程度不应超过他们打电话来请病假所产生的后果。

另外,企业应制定解决岗位能力问题的各项政策。该类政策通常解决的问题包括:

- 药物滥用预防,包括聘用前、随机和针对性的药物及酒精筛查。
- 如果确认一位工人受伤或其他原因不适合出勤,则遵守协议。
- 加班,包括每班的最长工作时间,各班之间的最短休息时间,连续工作日的最大数量(没有休息日),在固定期限内的最长工作小时数(如:任何每两周的时间),以及在有资格重返工作岗位之前的最少休息天数(策略模型详见 API RP 755〔参考文献 5.25〕)。
- 为监管人员针对个人问题进行探查和响应所提供的培训(如:婚姻问题、家庭成员问题)。
- 制定员工帮扶计划,帮助员工解决个人问题。
- 为自愿加入药物或酗酒治疗计划的人员提供就业指南。
- 为残疾工人提供合理的便利条件。
- 为缺勤或长期休病假的工人提供重返工作岗位指南。

5.6 工艺过程

工艺过程应:(1)有能力在生产计划时间内保持稳定工况和(2)可通过能够胜任工作的运行团队在所有预期条件和过渡情况下实现控制。另外,安全余量应允许一定程度的人为失误和机器故障(具体说明分别见第 5.5 节和第 5.7 节)。另外,应明确规定工艺限值和安全运行基础;不应让工人猜测工艺过程是否超出控制范围或是否不在安全运行范围内。

本节阐述的属性包括:

(1)工艺过程能力;

(2)安全操作限值;

(3)操作限制条件。

5.6.1 工艺过程能力

要求工人取得超过工艺过程能力的成果是不合理的。事实上,要求操作工弥补不稳定或无效率的工艺过程是不安全的,而且会对操作行为产生不利影响。面对这种挑战,出于善意的操作工为更好地控制工艺过程而开始尝试试验各种操作策略,但是他们的临时实验可能导致运行不可靠或不安全。另外,人员表现多种多样,而且寄希望于一个一般水平的工人去控制一个只有在专业操作工手里操作才会安全的工艺过程是不公平的。该工艺过程应能够由最低资质的操作工安全操作。

> 1998 年 4 月 8 日，在新泽西州帕特森市莫顿国际公司(莫顿)装置发生失控反应，导致一系列爆炸和火灾，造成 9 位工人受伤及潜在的危险性物质泄漏到现场边界之外。调查人员判定，当出自实验室的工艺过程按比例扩大至生产规模时，莫顿公司已将反应控制策略由半批次(按比例添加一种原料以减少失控反应)改为全批次，因此将全部原料添加到反应器中而且仅通过脱除从反应质量来的热量控制反应速率(参考文献 5.27)。

一种本来就不稳定的工艺过程对操作工进行操作控制提出了非常高的要求，有时候要求操作工快速决策、精确调节或针对异常工况采取应急响应措施。所以，过程工业的企业应大力发展各种容错过程——即使一个或多个系统失效或者操作工出错也能安全运行和可控的过程。

帮助提高工艺过程能力的策略包括：

• 在工艺变更方面咨询有能力的研发人员，同样在合成工艺路线和其他可能改变内在工艺过程危险的决策方面应咨询工艺工程师。

• 当考虑工艺变更时，审查人员应经常提问"什么可能出错"，并努力探讨"什么是成功的关键因素?"之类的问题。

• 系统应采用可控设计，安全余量容许出现具有可信度的工艺变化、设备故障和人为失误。

• 进行全面的设计审查，问题从"这会起作用吗?"扩展到包括对系统故障和人为失误的考虑，以及问题"这个可控吗?"

• 进行危害审查(与设计审查分开而且在设计审查之后进行)，调查在伴随操作工采取错误响应措施和/或工程安全防护措施失效的初始事件下，该工艺过程保持安全状态的能力。

• 反复进行设计和危害审查(如：危害审查不是偶然进行的；危害审查应有实施计划，并在设计变更后进行)。

• 危害审查将在资料完备时进行，但不应太迟，以免不能及时有效地处理危害审查小组提出的建议。

• 事件调查方法应考虑工艺过程能力的各种缺陷，而且建议在适当的时候提升工艺过程能力。

• 除了上报事件之外，装置人员有解决工艺过程能力问题的意识，在发现任何能力问题时，他们会积极主动地解决这些问题。

5.6.2 安全操作限值

过程工业制订了完善的安全操作限值。各程序应明确操作限值，规定为避免超过该限值所采取的措施，并且严令在工艺过程超出既定安全范围时应做出的响应。除在特殊条件下外，在超出规定限值条件下运行是不可接受的。不应将这项决策抛给操作工或者当时在场的操作和技术人员。应提前彻底理清应急响应措施的优先顺序。

　　一座工厂使用一台 1500gal(1gal＝3.785L) 间歇式反应器生产丙烯酸粉末涂料和油漆添加剂，该反应器利用一台换热器冷凝并返回蒸气至反应器，调节反应器温度并防止发生失控反应。当订单要求产品数量稍多于标准批次产量时，管理人员选择了"按比例放大"批次规模并在工单中填写"一批"，而不是分成两批得以保持在反应器和冷凝器的安全操作限值内。批量变大超过了冷凝器的冷凝能力，造成失控反应事故，最终导致 1 位工人死亡和 14 位工人受伤(至少有一种其他操作行为/操作纪律失效导致该事故的发生：工人们采用了一种仅上紧反应器人孔 14 条螺栓中 4 条螺栓的做法，因此造成该人孔泄漏并且将蒸气排放到设计压力远低于反应器设计压力的生产厂房内。尽管不上紧所有 14 条螺栓是一种常见的做法，但该工厂的监督人员或管理人员未能发现并纠正该项错误)(参考文献 5.28)。

但更重要的是真正了解企业核心价值以及如何对这些价值规定情况做出反应的知识。例如，如果企业价值观认为过程安全大于生产，则操作工将本能选择他们认为可降低风险的替代方法，即使这种做法肯定比其他正在考虑的替代做法造成很长的恢复时间。

第 5.5.5 节关于"基于缜密思考的遵守"的论述同样适用于安全操作限值。安全操作限值和避免或纠正偏差的步骤，通常很少或没有涉及在这些限制条件下的实际操作经验。这些情况可能要求采取稍微不同的响应措施。然而，除非计划采取的行动会带来迫在眉睫的危险，否则应被严格遵守。应当审查导致超出操作范围的工艺波动数据，用以：(1)评估工厂状态并确定造成工厂工艺波动的原因和(2)预测潜在的响应措施对工厂产生的影响。此后，必要时使用变更管理程序更改安全操作限值和程序。

操作限值应建立在设备性能和工艺动态分析的基础上。例如，如果设计意图是防止失控反应，则反应剂、催化剂和污染物的浓度限值，或者使用惰性物质，可能比温度限值更加有用。对于任何反应剂和催化剂的混合物，可利用温度控制防止发生失控反应，当反应器在正确的物料进料量和进料比条件下运行时，也可利用几种惰性材料防止失控反应发生。反之，如果关键变量为反应器温度，则应根据温度制定合适的操作限值，而不是根据其他任何一个可以推断温度的参数（如：压力）。

操作限值应以操作工可监督和控制的参数为依据。例如，如果引起一台储罐内温度过高（导致高压和泄漏）的唯一可信原因是外部大火，即使设有一台温度指示器，那么设定一个温度操作范围也是不合理的。毫无疑问的是，操作工不能通过直接控制一起火灾的大小来有效加热一台大型储罐内的物料。

在确定操作行为所需的安全操作限值时，考虑以下因素：

- 仅设定关键参数的操作限值。例如，对金属管线中的液化气体（液化石油气、氨、氯气等）而言，高温限值通常没有意义，因为远在达到高温之前，高压便可能对管线的完整性产生威胁。反之，低压限值对管道系统来讲通常没有任何意义，然而低温导致脆性断裂却可能是一个严重问题，无论压力高低。

- 限值的设定以设计为依据。如果热力学分析认为工艺温度不能低于-28℉并且设备设定为-40℉运行要求，则无需规定安全操作限值。下限的设定不能基于对冶金性质可能不正确或随后发生变化的推测。而是采取措施保证冶金性质正确而且不会出现错误变更（参考5.7.4节）。

- 仅为可测量和可控制的参数设定限值。对于通过增加仪表、软件逻辑或实施变更，从而为操作工提供控制工况或工艺变量的能力，操作限值的设定并不排除这种参数。尽管如此，针对仅通过简单设定一个限值并希望操作工知道超出限值时应如何应对的情况，则一定不会对这种参数的操作限值进行设定。

- 为操作工检测状态、诊断情况和采取适当行动留出足够的时间。仅当操作工能够及时反应以防工艺过程达到不安全状态时，各种限值才能发挥作用。

5.6.3 操作限制条件

当一个安全系统被认为非常重要，以至于该系统无法使用时禁止进行后续操作（或至少某些活动），那么操作限制条件适用于这种情况。操作限制条件（LCO）可能包括火炬、洗涤塔、火灾检测和灭火系统、紧急冷却系统和许多其他减轻工艺物质排放影响的系统。即使各企业不常使用"操作限制条件（LCO）"这一术语，但也有该术语被普遍应用的示例。例如，许多工厂在开车、停车和持续运行期间为各级作业人员编制了操作限制条件（LCO）。如果不能满足最低的人员编制/资质要求，则该项活动不予开始并且该工艺过程是不安全的。例如，在一座海洋石油平台上允许的最大人数可能受到救生船救生能力的限制，而不是宿舍区睡床的数量。其中一个更常见的操作限制条件是，当一台工艺火炬未投用时，装置的操作（或特定活动，如在码头转运产品）可能会被禁止。

下午7：00左右，一条42英寸供水主管破裂，造成包括当地炼油厂在内的整座城市供水压力急剧下降。炼油厂人员密切关注供水中断情况，因为他们靠供水主管补充锅炉给水。他们联系城市供水部门以确定何时恢复供水未成功。随着锅炉给水系统水位不断下降，最终决定炼油厂尽快停车。这要求同时将多套装置来的易燃气体排放到火炬系统。当锅炉给水系统缺水时，锅炉也不得不停车。火炬塔缺少蒸汽造成结构性故障。幸运的是，没有人受伤而且设备受损范围仅限于火炬塔。

由于未将城市供水视为一种操作限制条件，而且操作程序也未提供如何应对供水中断的指导。在事件发生时的当班班组知道利用蒸汽改善火炬燃烧效率，但他们没有意识到在峰值火炬条件下需要用蒸汽冷却火炬塔。另外，当班班组不知道他们需要多快地关停炼油厂才能避免在停车期间失去蒸汽流量。在这种情况下，当班班组在那天晚上的安全停车表现非常好并且最大限度地降低了设备损失。然而，幸运的是，值班监管人员打电话要求炼油厂停车的同时，仍有大量锅炉给水可用。

英国北海的 Piper Alpha 事故(详见第 3 章说明)和异构化装置事故(详见第 1 章说明)证明，工人有时候没有能力实施停车过程，甚至面临极端困境。过程工业中的大多数人是技能型的问题解决能手，一个工艺过程的关停往往意味着明确承认问题未得到解决。太多时候，工厂中的英雄人物是指那些能够孤注一掷在不安全条件下成功操作并且避免为停车付出高昂代价的人。然而，敢于接受不可容忍风险的英雄行为对一个操作行为/操作纪律体系来讲是有害的。与安全操作限值一样，操作限制条件明确了当班班组何时应停止故障排除并实施停车步骤。

有些操作限制条件适用于非常规活动。例如：(1)当喷淋灭火器和其他消防系统停用时，禁止开展动火作业；(2)除非有足够数量接受过培训的应急响应人员在现场等待实施受限空间救援，否则禁止进入受限空间；和(3)在开车期间禁止无关人员进入该装置、或邻近装置。应将这些条件编入管理非常规活动的书面程序及用于授权开展该项活动的检查表。

工厂应认真审查其安全基础，并根据以下任何或所有要求制定操作限制条件：

- 安全系统的可用性，如火炬、洗涤塔和消防系统；
- 厂外或厂内的公用工程系统失效；
- 在主要系统失效时，安全停车所需的备用系统的可用性；
- 充足的人员编制；
- 特殊活动或运行模式。

5.7 工厂

保证对设备适用性的关注与对操作行为人员和工艺过程方面的关注一样重要。然而，操作行为超过了适用性——它有助于确保始终有一个明确的"责任人"。另外，它规定了监测和控制设备的标准。

本节阐述的属性包括：

（1）资产所有权/设备管理；

（2）设备监控；

（3）条件确认；

（4）微小变更管理；

（5）检维修作业控制；

（6）安全系统能力维护；

（7）控制故意绕过和损害安全系统的行为。

5.7.1 资产所有权/设备管理

关于由谁管理每项资产及工艺装置周围的土地，应该绝对没有任何疑问。无论何时，只要将一项资产的管理从一个人转移到另一个人，则应有一个标准化的交接以确保连续性。

当问到谁对资产负有管理责任时，几乎所有的装置人员一致回答负责运营该项资产的团队是责任人。这样回答是有道理的，而且这与我们如何看待我们的个人财产是相似的。一位汽车修理工不会"拥有"我们的汽车，因为我们只是将其放在那里由其修理或保养。然而，当汽车在修理厂时，汽车修理工负责管理该项资产(在车主规定的范围内)。例如，汽车修理工测试驾驶汽车是合适的，但因任何其他目的驾驶汽车是不合适的。同样，应制定明确的规则谁"负责管理"每项资产，而且应对非"责任人"执行的工作施加限制或条件。

在一家食品加工企业，一位进料操作工正在运转一条包装线。该包装线被堵塞并卡住，要求操作工中断包装线并清除堵塞。附近包装线的一位操作工注意到该包装线已停止运行。附近包装线的这位固定操作工认为进料操作工已经停运该包装线并去休息一下，于是便取走了停运标签并且重新启动了该包装线。幸运的是，进料操作工注意到包装线的移动，并快速将手从机器上抽回，防止了一次可能发生的截肢事故。虽然这次事件明显违反装置上锁挂牌制度政策，但在有或没有机器挂牌检修的情况下，这起事件也绝对不应该发生。无论何时，附近包装线的操作工也没有权利控制这条已经停车的包装线。因此，不管被安排运转这条包装线的人员经验水平如何，他都没有权力启动这条包装线。

上文所述的错误，即：一位操作工未经允许取走了停车标签并启动了设备，这在流程工业中是一个极为罕见的事件。然而，这不是因为它不可能发生；而是因为工厂通常有完善的规章制度来禁止检修、技术和其他支持性人员操作工艺设备。(例外情况是指负责人/操作方为检修部门的公用工程系统)。

在资产生命周期不同阶段，资产所有权会发生变化。在最初建设期间，项目经理和项目组通常是资产的负责人。不管操作或检修人员有多么想让一台泵移到一个更加方便操作的位置，但在得到项目经理批准之前，禁止移动这台泵。在某一时刻，将有一个将泵移交给调试团队(可能是项目组属下的一个小组)的过程。另一次正式移交发生在调试团队和操作团队之间。从那时起，由标准的管理体系(如：作业许可)控制操作团队和维修团队之间的移交过程，其他体系控制操作团队与大检修管理团队之间的移交过程。最后，应有一个在发生紧急情况期间移交管理权的协议，以及在应急响应计划中应包括一个事故指挥权转移的协议。

计划性维修的工作准备权是常见的一个矛盾点。如果操作团队仅负责生产工作，维修团队仅负责设备的可用性工作，则当操作团队拒绝停运设备进行预防性维修时，二者之间就会产生矛盾。为解决这个矛盾，可采用经验证的平衡记分卡制度，由操作团队和维修团队共同为管理设备可用性和与计划性检修工作进度的一致性负责。

所有设备应由负责监控设备、确认设备条件、管理设备变更和保证设备正常维护的一些人"所有"。这对安全系统和相关设备尤其重要；不能将这些关键系统安排给"每个人"管理，原因是"每个人"通常认为这是"其他人"的责任而且"没有人"拥有任何所有权。

5.7.2 设备监控

从实质上讲，有两个维修策略：(1)被动性维修——修复突然失效的设备和(2)主动性维修——计划和实施一系列活动用以防止设备故障或检测故障的起始迹象，确保向计划性检修的平稳过渡。对一个成功的操作行为体系而言，选择第二种维修策略是大多数设备的合理选择。然而，不管采用哪种维修策略，监控工艺条件和设备是操作行为体系内的一项重要任务。

19世纪早期，蒸汽动力设备有望将彻底改变生活。到了该世纪中期，蒸汽动力遍及各行各业，从机动车辆到船舶再到工业设备。然而，随着蒸汽引擎复杂性和动力增加，锅炉爆炸的频率也随之增加。19世纪50年代，锅炉爆炸事故达到几乎每四天发生一起，而且1865年在一艘内河船上发生的单次锅炉爆炸事故就造成1200人死亡。基于对蒸汽动力相关安全问题的关注，美国康涅狄格州哈弗特镇的几位商人成立了

110

综合技术俱乐部。该组织不同意当时的共识——锅炉爆炸是"天灾";反之,他们相信这种爆炸事故是可被检测到的,而且可以通过正确的设计和定期锅炉检验预防爆炸事故。1866年,综合技术俱乐部的成员成立了哈福特蒸汽锅炉和检验公司,他们为客户提供保险产品的财务奖励,确保为客户锅炉提供正确设计,定期检验其锅炉,以及为锅炉提供保养以满足使用要求。锅炉检验做法被证明有效且得到广泛采用;最终在美国大部分地区强制推广(参考文献5.29)。

某化工厂的一位经理注意到,一位中等水平的操作工在80%的工作时间内过于松懈同时在20%的时间内过于忙碌,一位非常优秀的操作工在95%的工作时间内过于松懈。对于这种情况,也没有多少真理可言。一位成功的操作工勤于监控工艺设备及其运行工况、检测并调查异常工况、诊断原因并尽快解决问题以确保工作顺利进行。反之,一位不称职的操作工疏于监控过程设备和工况,使得工作难以顺利进行。

利用包括每个工艺参数合格范围在内的读数表进行常规巡检,有助于保证操作工监控设备和显示任何异常趋势。精心制作的巡检表还有助于保证操作工走遍工艺过程的每个部分,每天提供多次机会检测异常声音、振动、异味或其他存在问题的迹象。有些工厂使用工业化的手持式电子设备帮助操作工收集现场仪表和设备的数据,并将这些数据上传,与过程控制系统搜集的信息进行比较。

设备监控不能仅仅依赖于现场操作工五个器官的感官。有些关键操作参数,如振动、小型法兰、填料泄漏,只有利用电子传感器才能可靠地检测到。在常规巡检基础上,还应采取工况检测和其他测试等补充手段。许多工厂将操作工的职责扩大到包括监控设备参数(如润滑油槽液位)、监控公用工程系统、检查安全设备状态和为振动分析计划收集支撑数据在内的范围。

另外,绩效变化,甚至是通常认为在可接受范围内的变化,往往也是值得注意的。设备日志(或计算机维护管理系统中的类似数据)可提供故障的早期迹象。对于某些参数,如壁厚或振动,这些记录是无价的,因为变化速度与当前工况同样重要。另外,维修日志可以体现被修理部件的微小质量变化趋势或者培训效果。

高效设备监控程序具有以下特点:

● 明确数据采集和分析的各项责任。

● 人工采集数据记录格式包括合格/正常数据范围,采用标准程序上报计划外的或超标的结果。

● 适当情况下,利用电子传感器采集数据,并明确审查这些数据的责任范围。

• 负责常规巡检的人员懂得他们应报告和/或纠正任何不符合要求的情况，如：丢失或松动的管道吊架和接线盒盖、排气或排水管线上丢失的丝堵、以及丢失或模糊的标签等。

5.7.3 条件确认

条件确认通常是所有程序的一个关键步骤。当更换一辆汽车的机油时，仅按规定数量添加机油而不通过机油标尺检查油位是不合格的做法。在过程工业中大多数检维修任务远比更换机油复杂，但也经常没有对确认步骤和合格/不合格标准的详细说明。

如果人们了解这些错误可能导致不可接受的后果，则确认步骤将成为标准步骤之一。然而，如果认为人为失误及其造成的事故是不可避免的，则工厂将发生更多事故。如果其中任何一个情况变成一种正反馈循环，则前一种情况将导致更低事故发生率而后一种情况导致更高事故发生率。高绩效的企业支持确认步骤，并且设法使其更加系统和有效。

> 一起电气故障要求更换一台泵的电机启动器和启/停电路。当该项工作完成时，操作工利用现场开关确认该泵能够正确开车和停车。然而，没有进行远程开车/停车功能测试。之后不久，泵重新投用并且未发生事故。数周之后，一个不相关的工艺过程问题要求装置暂时停车。控制室操作工远程停止该泵，并关闭了吸入和排放阀门。几分钟以后，操作工注意到该泵出现高温报警但没有报告，也未进一步采取措施，因为他知道已经停止该泵。控制系统上的状态指示灯表明该泵已经停止。在操作工忙着注意临时停车造成的工艺波动时，这台泵因过热发生爆炸。调查组判定在最近一次维修期间，该泵未被正确接线，所以未能远程停车。

工作确认适用于以下任务：

• 关键操作任务，尤其是如果不能正确执行任务便可能直接导致事件发生的任务。

• 检修后的活动，尤其应关注关键功能/系统，即使起初没有打算修改这些功能。

• 某些任务，当被正确执行时，可能会变成后续活动或运行模式的主要安全依据。

• 重复报警，即使其他指示显示正常。

5.7.4 微小变更管理

持续运行通常带来微小变更。供货商不断改进其部件和材料或有时候通过变更降低成本，实际上降低了质量。检修团队尽可能提高工厂设备的可靠性、可维护性和可操作性。另外，运行装置为控制成本，从而减少生产周期次数；延长计划性维修活动之间的间隔时间；中断非生产性活动；并且使用更便宜的原料、备品备件及其他物资。

　　为减少水分凝结(造成工艺问题)，一家供货商将其包装从单纯纸袋改成塑料衬里纸袋。这样虽解决了凝结问题，但最终导致在客户工厂的一台储罐内发生爆燃，爆燃原因是操作工通过人孔添加干粉材料导致静电产生。

负责规定生产、检维修材料和备品备件以及确定操作和检维修做法的工程师、检维修人员、承包商和其他人员，应敏锐地意识到任何微小变更带来的影响。任何改进措施可能增加设备失效或其他过程危害的风险等级。

有助于防止引入不安全微小变更的特征包括以下方面：

• 关键部件、物资和原料的名称，未经认真、书面的审查不允许任何变更(包括供货商变更)。

• 系统维护和定期审查工程标准和规范，不允许使用发现有缺陷的材料或设计。

• 各采购商正确理解规范和标准，除非满足特定条件(如：同等规范、最终使用者批准)，否则不得使用替代规范和标准。

• 所有检维修员工对微小变更的潜在影响有敏锐的意识，而且倾向于将任何不同的事情(尺寸、形状、外观、形式、数量、行动等)归类为一项变更而非同类替代。

• 所有员工对可能来自工厂外的微小变更有敏锐的意识(如异常热/冷天气、空气携带的灰尘、邻近工厂排放的物质、新邻居)。

• 对不易观察(如计算机系统变更)的变更实施超出基本测试范围的全面评价，观察该项变更在正常工况下是否"有效"。

5.7.5　检维修作业控制

　　检维修工作应采用多层次管理方式。首先，当有人提出作业申请时，应审查并确保该申请：(1)是一项经过授权的变更，(2)是应该开展的工作，和(3)符合工厂的操作和检维修策略。其次，应制定检维修工作计划，使该计划与检维修和生产班组相协调。完善的计划是一个有效检维修策略的必要部分，对该项计划的严格遵守是衡量一座工厂操作行为体系有效性的良好指标。再次，工艺区的所有检维修工作应由该区的负责班组授权。

　　一位工厂的维护工程师被安排修复一座发电站的异常运行工况。该工程师尝试进行各种调节措施以控制加速率、温度范围、速度范围和其他参数。每次重启失败都造成了更多未燃烧气体进入废气系统。当问题最终得到解决后对涡轮进行点火时发生爆炸，爆炸损坏了动力涡轮、燃气涡轮、围护结构和排气管的波纹管部分。事故调查组后来发现工厂的维护工程师未经批准或没有资格实施这一系列"在线"软件修改。

本节中的第一个属性涉及到设备的所有权。所有权分配是作业控制中一个基本且关键的因素。负责人对工作进行授权，并且通常负责(1)作业开始前的设备准备工作和(2)保证在工作完成之前不会重新启动该设备。然而，这实际上成为一种连带责任，在操作、安全工作和检维修程序中增加独立重叠保护措施。

除明确分配作业控制和有效安全操作规范的责任外，有助于促进检维修工作管理的活动还包括：

● 由有资格的人员对所有作业申请进行审查，确保申请的作业不需要变更授权(或者授权已批准)，作业方案在技术上可靠且符合工厂标准。

● 书面的作业许可证授权，包括作业说明和危害、安全要求、以及任何所需的沟通步骤或停工待检点。

● 定期审核作业许可证制度和正在开展的常规检查的有效性，从而确定现场作业是否符合许可的条件。

● 单独的部门锁，由(1)设备负责人和(2)检维修组负责，直到每个部门被授权人员确认工作完成和设备安全运行为止。

● 确保工作顺利完成的书面程序，包括检查泄漏、检查转动、调整设备、测试任何可能已经受到作业影响的安全系统等步骤。

5.7.6 安全系统能力维护

几乎所有工厂都清楚本厂失去生产能力的时刻。密切跟踪生产或产品质量数量下跌，经营团队往往反应迅速。然而，没有对备用或安全系统的能力进行维护可能在数月或数年内都不会被察觉。不管是安全系统、备用系统还是运行的其他方面，操作能力不足，在最好情况下可能引起运行不可靠，而在最坏情况下可能引起一连串事件的发生，最终导致灾难发生。

设计方通常在关键公用工程和安全系统中提供高冗余度以提高系统可靠性。往往当这些系统缺少维护时，这种设计意图就失去了作用。在其他情况下，设计人未能提供充足的备用系统，或者看似冗余的备用系统存在未发现的共因失效模式。(设计缺陷通常源于工程设计部分的操作行为失效，如：未能全面进行设计和危害审查)。当安全系统失效时，操作工被迫快速做出艰难的决定。通常根据不确定或不完整的信息，快速做出停车或采取其他行动的决定，不可能是最佳方案并且常常是错误的。

在1989年美国得克萨斯州帕萨迪纳市飞利浦休斯敦化工厂发生火灾和爆炸的余波中，消防系统失效造成严重事故。工业用水和消防用水共用同一个系统，而且最初爆炸造成该系统和主泵动力所需的配电系统大范围破坏。尽管如此，仍有三台柴油消防水泵可以使用。不幸的是，一台泵正在停机检修，驱动第二台泵的发动机在一小时内用尽了燃料（因未能保持燃料罐的设计油位），而且第三台泵在应急响应活动过程中发生故障。这些泵的失效清楚地证明了缺少正常维护和测试的安全系统在紧急情况下无法起到它们应有的重要作用。

例如，对 Piper Alpha 事故（见第 3 章）的分析经常强调作业许可证制度的失效导致冷凝液泵 A 恢复运行，即使泵 A 上的安全阀已经更换为一块薄金属板也无法阻挡这一过程。当然，这是一起严重故障。然而，泵 A 预期停车时间最多两周，如果泵 B 停车超过几分钟，也会导致钻井平台无法应对非计划停车。如果一台泵失效二十分钟的平均间隔时间在一年和十年之间，则在两周内失效的发生概率在 0.4% 和 4% 之间。从过程安全角度看，那是极高的初始事故发生率，尤其是当操作工没有备用方案时。重要公用工程或安全系统的故障概率越高，提供一个替代或备用系统或者制定和实施事故响应程序越重要。很明显，1988 年 7 月 6 日夜晚在 Piper Alpha 平台上只有两个选择，即：将平台停车或泵 A 恢复运行。在苛刻的时间压力下，平台工作人员做出了错误的选择。

若要保持安全系统能力，要求做到以下几点：

- 容错设计；
- 勤于检维修、测试和修复备用系统；
- 制定设备发生故障时的有效应急方案。

5.7.7 控制故意绕过和损害安全系统的行为

几乎所有工艺装置设有许多安全系统，其中许多采用联锁，当检测到某些错误或不安全状况时，通过这些联锁将工艺过程切换至安全状态。有时候，这些系统不合逻辑地起跳，让工厂决定是损害还是绕过系统，或者让工艺停车等待修理。在许多情况下，基于各种充分理由，一般会绕过这些系统一段时间。

绕过或损害安全系统并非易事。这些活动应要求提供临时变更所需的正式书面申请；较短的授权时间；而且在实施时最好采用专用工具、钥匙或密码。如果一个系统很容易就被装置的运行组绕过，那么操作行为/操作纪律体系将面临挑战，以确保这种绕过不会变成一种常规做法。

2004 年 4 月 23 日，美国伊利诺斯州伊利欧珀里斯市台塑公司设施发生大量易燃气体泄漏事故，当时有一位操作工擅自打开反应器上的一台排净阀，造成大量氯乙烯单体（VCM）泄漏。在反应器阶段通过局部绕过联锁以保持底部阀门关闭的方式，是在数年前安装的，用于在其他方式不能控制反应速率的情况下，便于操作工手动传输反应器内部分物料至第二台空反应器（若要绕过联锁，操作工仅需连接一条空气软管至底部阀门，强制其打开）。尽管工厂的政策规定，未经主管授权，不得使用局部绕过的操作方法，但是被安排去排净反应器306中洗涤水的操作工，在未经授权的情况下错误地打开了反应器310上的排净阀，很明显，在控制系统内部有某种故障。氯乙烯单体泄漏引发一起火灾和爆炸，造成工厂内5人死亡和另外3人受伤的严重事故（参考文献5.30）。

绕过或损害有多种形式。从历史记录看，当电路断开或失电时，通常是一条与电气继电器或开关并联的"跨线"造成联锁起跳。然而，在可编程系统中配置的联锁，通常可以通过软件变更以多种方式遭到破坏。为允许在线检测，许多停车系统在起跳至关闭位置的阀门处安装了旁路管线。仅需打开旁路管线就可禁用联锁。有些设备在入口和出口处分别安装了配有切断阀的泄压阀，用于在大检修期间进行测试，而且仅关闭任何一台切断阀就可损害泄压系统的功能。

尽管有许多种方法可以损害或绕过安全系统，但基本上有四种安全措施可保障这些安全系统的可靠性；有效的操作行为体系采用了所有这四种安全措施：

（1）所有损害或绕过安全系统的行为需要授权，授权该项活动的人员应考虑以下两点：(a)采取或拟采取替代安全措施和(b)装置现状和操作节奏。

（2）损害系统的手段需要使用某种形式的专用工具、专业知识、钥匙或其他需要至少两人合作决定损害系统的措施。

（3）损害安全系统将触发自动"报警钟"，通过该报警钟要么：(a)系统在规定时间后恢复正常功能，(b)要求有人确认系统已恢复功能，(c)要求重新授权，要么(d)提供一种等效方法以强制决定对该损害活动实施取消或重新授权。

（4）有一项要求是对某些系统的状态进行定期检查，这些系统可能在意外或不用专用工具或专业知识的情况下便可被损害其功能（如：在安全阀下面手动阀上的篡改-指示封条）。时间期限应与意外损害的可能性相对应，而且损害规则应符合相关规范和标准要求。

另外，有助于促进快速修复安全系统的另一种方法是将定期报告已授权的损害情况或绕过数量作为一项指标。管理人员对这种情况的反应通常是"数量为什么不是零？"由此引发的讨论往往是提高工单的优先级以修复这些系统，从而减少安全系统不可用的总时间。

5.8 管理系统

本节内容阐述的某些管理系统(1)与操作行为有关但不在本书范围内，以及(2)是有效的操作行为体系的必要条件，在CCPS其他指南中有详细描述。这些管理系统包括：

- 相关计划
  - 行为标准；
  - 评估/绩效保证。
- 必要条件
  - 危害评估；
  - 安全操作规范；
  - 变更管理；
  - 应急计划/响应；
  - 审核、检查和评论。

5.8.1 相关计划

操作行为与企业文化的区分越来越难，且 CCPS 仍然强调这一观点(参考文献 5.31)。在 CCPS《基于风险的过程安全指南》中，过程安全文化作为第一过程安全要素包括在内并非巧合(参考文献 5.2)。发展和保持健全的过程安全文化，其基本特征(参考文献 5.2 和 5.32)包括：

- 支持安全作为一种核心价值；
- 提供出色的领导力；
- 制定和实施高绩效标准；
- 保持易损性；
- 使个人成功履行其安全职责变得可能；
- 尊重专业知识；
- 确保公开和有效沟通；
- 建立质疑/学习的环境；
- 培养相互信任；
- 对安全问题和关心的问题提供及时地响应；
- 持续监测安全绩效。

显然，在操作行为和过程安全文化之间有明显的共同之处，尤其是在领导力、授权、沟通、学习、及时响应和绩效监测等方面。"言行一致"的文化是操作行为的良好选择之一。另一方面，以"走别人没有走过的路"为核心价值的企业，尤其是非常看重个人创造力的企业，在实施操作行为体系时将会遇到很多困难。在操作行为纪律和企业文化之间也将会有很多冲突。如果不付出巨大努力，任何与企业文化冲突的新举措也将失败。

第5.5.9节指出了工作确认的重要性，并将其体现在工作确认内容的字里行间。应将确认过程扩展到管理体系和计划中。高绩效的企业建立了一些重要指标，包括有助于预测未来的指标(参考7.4.1节)。例如，高度符合相关程序要求是一个低风险指标，当然，前提是相关程序准确描述了执行任务的具体方法。操作行为为测量标准符合程度提供了许多机会，跟踪操作行为有助于(1)为正在增长的风险提供早期预警和(2)监控操作行为体系。

其他指标可能包括：

- 事件发生率，其中未能遵守程序或缺少培训被视为根原因；
- 有资质的人员在规定级别岗位中的比例；
- 员工离职率；
- 实习人员引起的事件数量；
- 非常规和紧急维修工单的数量；
- 审核发现与不能操作的仪表和工具有关的问题数量；
- 清洁作业的审核次数以及得分；
- 因缺少自查或同行检查而引起的事件数量；
- 加班工时百分比；
- 非计划停车次数；
- 非计划安全系统启动次数；
- 因无效理由导致非计划安全系统启动次数。

5.8.2 必要条件

很明显，一旦管理人员停止关注支持安全运行所需的条件和计划，那么一座工厂的安全系数很快会消失殆尽。20 世纪 80 年代印度博帕尔事故和随后发生的几次事故，凸显了对过程安全管理(PSM)体系的需求。美国化工过程安全中心(CCPS)于 1989 年出版了第一版关于 PSM 体系的综合书籍，并在三年后出版了第二版(参考文献 5.33 和参考文献 5.34)。2007 年，随着《基于风险的过程安全指南》(参考文献 5.2)的出版，美国化工过程安全中心(CCPS)对其论述进行了更新和扩展。

在一定程度上，有效的过程安全管理体系与操作行为是不可分割的。当然，有些方面不用全面的操作行为体系也能做好。例如，过程危害分析(PHA)团队可能在识别危害方面做得非常好，但是如果没有管理层承诺会及时有效采纳过程危害分析(PHA)团队的建议，那么几乎不会有好的结果。对于后半句来说，及时有效地采纳 PHA 建议不能与操作行为分割开来。事实上，审核员通常发现，有效采纳 PHA 建议的工厂也倾向于有效地采纳事故调查组的建议和审核发现，即使当不同的人被安排执行与这三个要素相关的工作。这些活动和过程安全管理的其他活动成效显著的原因是对保持可靠管理体系的强有力的承诺，这是建立有效操作行为体系至关重要的一步。

操作行为/操作纪律体系可以补充但不能代替过程安全管理体系，这一事实并没有被过度夸大。例如，没有丰富的过程安全知识，一个勤奋的过程危害分析

118

小组可能在遵守会议计划和记录分析结果方面做得很好，该工厂也可能在采纳建议和处理行动项方面做得很好。然而，如果没有丰富的过程安全知识，则与不确定性分析(如：过程安全分析小组未进行假设和分析的场景)有关的风险可能超过采纳建议所带来的风险收益。

企业不应满足于严格遵守各项政策、程序和做法。由于操作行为通常不鼓励创造性，而且在一定程度上，可能限制人们主动询问为什么要这么做，因此必须保证在高度创造性(其在过程安全环境中可能需要识别风险或改进方法)和高度一致性之间取得平衡。过于强调其中任何一个方面都会增加风险。

5.9 总结

本章阐述了操作行为的几个主要特性(划分为跨越整个企业的基础特性和与员工、工艺过程和工厂有关的主要特性)以及过程安全管理体系和操作行为之间的关系。采用每种特性都应该是有收益的，但有些属性比其他有更多风险收益。另外，并非所有特性都适用于任何指定工厂。

读者应回顾表 5.1 列出的每个特性，并考虑其工厂可能存在的操作行为差距。在获知这些信息后，读者应根据与本章关于操作行为特性和第 6 章关于操作纪律特性的描述，确定改进目标，并采取措施制定新的操作行为体系或完善现有操作行为体系。

表 5.1　操作行为特性汇总

基础	1. 理解风险的重要性 2. 制定实现企业任务和目标所应遵守的标准 3. 了解哪些工作是直接受控，以及哪些工作是仅仅受到影响的 4. 按标准要求提供完成工作所必需的资源和时间 5. 确保能力贯穿于整个企业之中 6. 开展评判，采取纠正措施
员工	1. 明确的权力/责任 2. 沟通 3. 日志和记录 4. 培训、技能保持和个人能力 5. 遵守政策和程序 6. 安全和有效的工作环境 7. 操作辅助-可视化工厂 8. 对偏差的零容忍 9. 任务确认

续表

员工	10. 监管/支持 11. 安排可胜任的工人 12. 门禁管理 13. 常规作业 14. 工人疲劳/岗位能力
工艺过程	1. 工艺过程能力 2. 安全操作限值 3. 操作限制条件
工厂	1. 资产所有权/设备控制 2. 设备监控 3. 条件确认 4. 微小变更管理 5. 检维修作业控制 6. 安全系统能力维护 7. 控制故意绕过和损害安全系统的行为

　　第 3 章描述了管理层领导力和承诺是操作行为体系的基础，本章提供了改进企业绩效的验证活动清单。然而，一直到企业人员改变了其日常行为，这些改进才会发生。第 6 章探讨了哪些是人们不能按规定方式执行任务的问题，并提供解决这些问题的建议。第 7 章描述了实施操作行为/操作纪律体系的方法。

5.10　参考文献

5.1　Kletz, Trevor, *What Went Wrong? Case Histories of Process Plant Disasters*, *Fourth Edition*, Elsevier, Burlington, Massachusetts, 1999.

5.2　Center for Chemical Process Safety of the American Institute of Chemical Engineers, *Guidelines for Risk Based Process Safety*, John Wiley & Sons, Inc., Hoboken, New Jersey, 2007.

5.3　American Chemistry Council, *Responsible Care* ® *Management Systems and Certification*, http://www.americanchemistry.com/ sresponsiblecare/ doc. asp? CID = 1298&DID = 5086.

5.4　API Recommended Practice 75, *Development of a Safety and Environmental Management Program for Offshore Operations and Facilities*, *Third Edition*, American Petroleum Institute, Washington, D. C., May 2004.

5.5　U. S. Department of Energy, DOE Order 5480.19, Change 2, *Conduct of Operations Requirements for DOE Facilities*, Washington, D. C., October 23, 2001.

5.6　Atherton, John, and Frederic Gil, *Incidents That Define Process Safety*,

Center for Chemical Process Safety of the American Institute of Chemical Engineers, John Wiley & Sons, Inc. , Hoboken, New Jersey, 2008.

5. 7   Kletz, Trevor, *Lessons from Disaster: How Organizations Have No Memory and Accidents Recur*, Gulf Publishing Company, Houston, Texas, 1993.

5. 8   Kletz, Trevor, *Still Going Wrong! Case Histories of Process Plant Disasters and How They Could Have Been Avoided*, Butterworth-Heinemann, Burlington, Massachusetts, 2003.

5. 9   Lees, Frank P. , *Loss Prevention in the Process Industries: Hazard Identification, Assessment and Control, Second Edition*, Butterworth-Heinemann, Oxford, England, 1996.

5. 10   Rogers Commission, *Report of the Presidential Commission on the Space Shuttle Challenger Accident*, Washington, D. C. , June 6, 1986.

5. 11   Center for Chemical Process Safety of the American Institute of Chemical Engineers, *Guidelines for Hazard Evaluation Procedures: Second Edition with Worked Examples*, John Wiley & Sons, Inc. , Hoboken, New Jersey, 1992.

5. 12   Covey, Steven R. , *The 7 Habits of Highly Effective People: Powerful Lessons in Personal Change*, Simon & Schuster, New York, New York, 1990.

5. 13   U. S. National Transportation Safety Board, *Marine Accident Brief* NTSB/MAB – 05/01, Accident No. DCA – 01 – MM – 022, Washington, D. C. , 2001.

5. 14   Hopkins, Andrew, *Lessons from Longford: The Esso Gas Plant Explosion*, CCH Australia Limited, Sydney, Australia, 2000.

5. 15   U. S. Chemical Safety and Hazard Investigation Board, *The Explosion at Concept Sciences: Hazards of Hydroxylamine*, Case Study No. 1999 – 13 – C–PA, Washington, D. C. , March 2002.

5. 16   Garvin, David A. , *Learning in Action: A Guide to Putting the Learning Organization to Work*, Harvard Business School Press, Boston, Massachusetts, 2000.

5. 17   National Aeronautics and Space Administration, *Mars Climate Orbiter Mishap Investigation Board Phase I Report*, Washington, D. C. , November 10, 1999.

5. 18   Civil Aviation Authority Safety Regulation Group, *Flight Crew Training: Cockpit Resource Management (CRM) and Line–Oriented Flight Training (LOFT)*, CAP 720, West Sussex, England, August 1, 2002.

5. 19   Swain, Alan D. , *Design Techniques for Improving Human Performance in Production*, A. D. Swain, Albuquerque, New Mexico, 1986.

5. 20   U. S. Chemical Safety and Hazard Investigation Board, *Investigation*

Report: *Little General Store – Propane Explosion (Four Killed, Six Injured)*, Report No. 2007 – 04 – I – WV, Washington, D. C. , September 2008.

5. 21　U. S. Chemical Safety and Hazard Investigation Board, *Investigation Report*: *Combustible Dust Hazard Study*, Report No. 2006–H–1, Washington, D. C. , November 2006.

5. 22　National Aeronautics and Space Administration, *Columbia Accident Investigation Board*, *Report Volume* 1, Washington, D. C. , August 2003.

5. 23　Haynes, Alex B. , M. D. , M. P. H. , et al. , "A Surgical Safety Checklist to Reduce Morbidity and Mortality in a Global Population,"*The New England Journal of Medicine*, Massachusetts Medical Society, Waltham, Massachusetts, Vol. 360, No. 5, January 29, 2009, pp. 490–499.

5. 24　Stephens, Hugh W. , *The Texas City Disaster*, 1947, University of Texas Press, Austin, Texas, 1997.

5. 25　ANSI/API Recommended Practice 755, *Fatigue Risk Management Systems for Personnel in the Refining and Petrochemical Industries*, American Petroleum Institute, Washington, D. C. , April 2010.

5. 26　Howlett, H. C, II, *The Industrial Operator's Handbook*: *A Systematic Approach to Industrial Operations*, *Second Edition*, Techstar, Pocatello, Idaho, 2001.

5. 27　U. S. Chemical Safety and Hazard Investigation Board, *Investigation Report*: *Chemical Manufacturing Incident (9 Injured)*, Report No. 1998–06–I–NJ, Washington, D. C. , August 16, 2000.

5. 28　U. S. Chemical Safety and Hazard Investigation Board, *Case Study*: *Runaway Chemical Reaction and Vapor Cloud Explosion (Worker Killed, 14 Injured)*, Report No. 2006 – 04 – I – NC, Washington, D. C. , July 31, 2007.

5. 29　Hartford Steam Boiler Inspection and Insurance Company Web site, http: //www. hsb. com/about. asp? id=50.

5. 30　U. S. Chemical Safety and Hazard Investigation Board, *Investigation Report*: *Vinyl Chloride Monomer Explosion (5 Dead, 3 Injured, and Community Evacuated)*, Report No. 2004 – 10 – I – IL, Washington, D. C. , March 2007.

5. 31　Center for Chemical Process Safety of the American Institute of Chemical Engineers, *Building Process Safety Culture*: *Tools to Enhance Process Safety Performance*, New York, New York, 2005.

5. 32　Center for Chemical Process Safety of the American Institute of Chemical Engineers, *Safety Culture*: *What Is At Stake*, New York, New York.

5. 33　American Institute of Chemical Engineers, *Guidelines for Technical Man-*

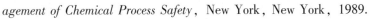

agement of Chemical Process Safety, New York, New York, 1989.

5.34 American Institute of Chemical Engineers, *Plant Guidelines for Technical Management of Chemical Process Safety*, New York, New York, 1992 and 1995.

5.11 补充阅读

- Center for Chemical Process Safety of the American Institute of Chemical Engineers, Daniel A. Crowl, ed. , *Human Factors Methods for Improving Performance in the Process Industries*, New York, New York, 2007.
- Davis, Lee, *Man-Made Catastrophes*: *From the Burning of Rome to the Lockerbie Crash*, Facts on File, Inc. , New York, New York, 1993.
- Klein, James A. , "Two Centuries of Process Safety at DuPont," *Process Safety Progress*, American Institute of Chemical Engineers, New York, New York, Vol. 28, Issue 2, June 2009, pp. 114-122.

6 操作纪律的主要特性

6.1 简介

操作纪律(见第1.4节定义)是指正确执行每项工作任务。在有效的操作纪律体系下,员工的行为和行动是可预测的,并符合规定要求。

- 操作纪律是指企业员工对操作行为体系的执行情况。
- 操作纪律涉及到所有员工开展的日常工作。
- 员工通过操作纪律证明其对过程安全的承诺。
- 良好的操作纪律确保每次正确的执行工作任务。
- 在有效的操作纪律体系下,员工能识别出意外情况并作出有效的响应,他们通过维持(或使)工艺过程处于安全状态,同时寻求专家的支持,以保证人员安全和过程安全。

操作纪律是对操作行为的补充,包含建立、实施并保持的配套管理体系,旨在:(1)以精细化和系统化的方式执行操作任务,确保与潜在风险评估结果保持一致;(2)确保正确执行每项任务,和(3)最大限度地减少操作差异。

操作行为特性的成功实施(见第5章描述)是有效实施操作纪律体系的基础。操作行为体系为一起共事的员工提供了工作框架。操作纪律体系更侧重于能决定行为的团队和员工个人特性。简言之,操作纪律体系侧重于员工如何工作,包括团队形式

> 在几乎所有企业中,与做事毫无章法的工作团队相比,有些团队则以系统、高度自律和有计划的方式开展工作。实现局部目标不是有效操作纪律体系的标志,局部业绩可能源于个人的领导能力和工作团队的工作积极性。正常运行的操作纪律程序应有效贯彻到企业的每个层次。

和个人形式。杜邦公司于1989年第一次在其过程安全管理程序中引入操作纪律。图6.1所示图形展现了杜邦公司的过程安全管理程序。车轮边缘,标有"通过操

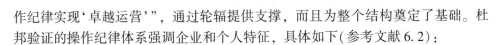

作纪律实现'卓越运营'",通过轮辐提供支撑,而且为整个结构奠定了基础。杜邦验证的操作纪律体系强调企业和个人特征,具体如下(参考文献6.2):

- 企业特征
  —强调领导力
  —员工参与
  —做法与程序相一致
  —优秀的清洁作业

- 个人特征
  —知识
  —承诺
  —意识

工程师违反工作规则,导致客运列车停车失效

2008年9月12日,一列运送上下班人员的客运列车在加利福尼亚州洛杉矶附近撞上一辆联合太平洋铁路货运列车。客运列车的火车头向后挤入第一节客运车厢50ft(1ft=0.3048m),事故造成25人死亡,101人受伤。按照行车路线和信号要求,客运列车应停在切入点西侧大约0.3mile(1mile=1.609km)的侧轨上,等待货运列车通过单线主轨段。然而,客运列车却继续驶过侧线并返回到主轨上,不到一分钟便与货运列车相撞。

记录显示,在两车相撞事故发生前的80min里,客运列车工程师利用其个人手机发送、接收了几个短信而且打出了两个电话(包括在两车撞击前两秒发出一个短信)。经检查工程师短信,在当天早些时候,他曾经与另一个人联络(既非客运线上的员工,也非合格的列车驾驶员),商讨允许这位未经培训的人员在当天晚上驾驶客运列车。手机上其他记录显示,在这次致命撞击发生前几天,该工程师已经允许至少两个未经授权的人在驾驶室内"兜风"。

杜邦和其他许多CCPS成员公司发现,有效的操作纪律体系会产生可预测的行为和可靠的员工表现。换句话说,行为结果是操作纪律有效性的主要测量指标,反之亦然。操作纪律侧重于个人的承诺和行为;操作行为则侧重于特定活动的管理体系,如:签发安全作业许可证(SWPs)。领先和滞后指标可用于评估管理体系中操作行为和操作纪律的有效性,如表6.1列出的安全操作规范指标。

操作纪律体系适合使用领先指标。操作纪律指标包括:
- 事件调查中确认走捷径为影响因素的事件所占百分比。
- 因忽视或故意超过安全运行限定值而发生的事故次数。
- 不完整交接班记录或报告的次数。
- 缺失的监督巡视次数。

- 设备滥用导致的工作指令数量。
- 员工面临解决"假设分析"场景挑战的次数（假定这是上岗培训计划的一部分）。
- 在规定日期前完成指定阅读材料学习的人数。
- 涉及破坏性个人行为的事件次数。
- 纪律处分的次数。
- 抽查发现的滥用材料的工人比例。

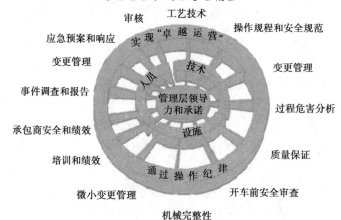

图 6.1　杜邦过程安全管理车轮

（杜邦公司保留 2010 年所有版权。）

表 6.1　基于活动的和基于结果的安全操作规范（SWP）指标比较

操作行为——基于活动的指标	操作纪律——基于结果的指标
领先指标 • 与 SWP 授权者培训计划的符合度 • SWP 培训所需小时总数 **滞后指标** • 将 SWP 系统失效作为起因的事件数量	**领先指标** • 识别出所有相关危害并列出相关预防措施/安全措施的 SWP 占全部 SWP 的百分比（在定期的工作现场检查中由安全部门确定） **滞后指标** • 在工作现场检查中发现的危害或不安全状况的数量

　　虽然这些指标为测量工厂的操作纪律体系的有效性提供了数据，但他们与操作行为体系是密不可分的。例如，不完整的交接班记录或报告可能是因为个别操作人员随机出错（即，操作纪律的失效），或者可能表明缺少监督或管理人员对偏差的容忍度偏大（即，操作行为的失效）。因此，必须对与操作纪律绩效相关的指标进行评估，以确定该项问题是一个系统性问题还是仅与个人行为有关。

正如第4章所述，没有任何程序能够消除人为错误。可以通过为员工提供充分培训、解决员工压力和疲劳问题、提供合理的人机界面等方法来减少人为错误的发生。除采取这些措施外，一个有效的操作纪律体系应能够适度减少员工意外或故意违反规定、程序和做法的概率。一个有效的操作纪律体系也将保证企业对故意违规零容忍，不管违规的意图或结果是什么。

工人会遇到根本没有规则的情况，或者规则明显失效的情况。当企业员工遇到不确定性情况时，操作纪律与操作行为可为企业员工提供所需的工具、培训、政策、程序和认识，以使他们做出合理的基于风险的决策。

通常情况下，一个有效的操作行为/操作纪律体系要求企业员工的行为必须符合操作行为/操作纪律体系的各项规定。该体系为工人提供了识别体系是否失效所需的知识和技能，以及不符合标准做法要求的行动的授权方式。另外，该体系还促进了管理体系的逐步完善。操作纪律体系的目标不是像机器人一样每次以相同的方式执行任务，而不管结果如何。在这样的情况下，企业不会持续很久，因为它无法应对企业外部和内部变化，而且很快会被更具创造性的竞争者超越。反之，一个有效的操作行为/操作纪律体系要求企业以有序的方式持续不断地学习和发展。例如，改进提升应基于合理的工程技术原则，而不是仅仅基于一些实际结果："问题最后得到了解决"或者"仅缩短了预定加热周期的10%，设计方肯定会允许这些偏差。"

本章阐述的八个操作纪律特性分成了两组。第6.2节阐述了应用于企业的四个特性，即：企业对其领导层和作业环境标准的期望是什么。第6.3节阐述了适用于个人的四个特性，即：塑造个人行为和明确工人每天应该做什么、不应该做什么。

首先简述每个操作纪律特性，然后举例说明。有些示例是基于受到高度关注的事件，有些示例是指那些发生在工厂内并未对外公布的事件。编录这些故事的目的并非是对重大历史事故进行总结。CCPS和其他组织已在其他著作中进行了总结(参考文献6.3、6.4、6.5、6.6和6.7)。相反，读者应通过提问题的方式将每一个事件都作为确定该特性是否与其操作有关的范例，如："可能在这里发生吗?"和"如果确实可能在这里发生的话，后果能够承受吗?"根据这些问题和类似风险问题的答案，要求读者进一步评估从这些示例中得到的教训，从而确定自己的企业中是否存在类似的差距，同时评估通过处理该部分中的操作纪律特性而带来的收益。

在继续阅读下文之前，请审阅图6.2，即：操作行为/操作纪律提升和实施循环图。许多读者对建立操作行为体系感兴趣(从12点钟位置进入此循环)。下一步是为每个操作行为或操作纪律要素制定目标，便于主要股东审核、理解和采纳。各项目标的设定要切合实际，并考虑操作行为/操作纪律所能达到的提升水平。这些目标中还应包含一些切实的利益，以此激励企业花时间、分配资源或通过其他努力来实现这些目标。若要持续发展，还需要强有力的承诺和管理层的积极支持。

本章与第 5 章共同阐述了图 6.2 中三点钟位置的内容。第 6.2 节和第 6.3 节描述了帮助企业建立和改进操作纪律体系的八个特性或者思路。每个特性的描述既可用于与现有程序进行对标，也可为新的程序识别所需的功能。一旦明确了目标，下一步则是评估企业的现行体系，以识别哪些操作纪律特性最有可能帮助企业实现既定目标。第 7 章阐述了操作行为/操作纪律或操作行为/操作纪律体系要素的实施思路。

6.2 企业特性

如果有些部门或团队的负责人希望在自己管辖范围内提升操作纪律体系，但其他部门或团队却并未努力的实施有效的操作纪律体系，此种情况下推行更高标准的操作纪律体系是一种轻率的做法，而且会给企业带来巨大压力。有些工人注意到："邻近装置内的人员面临类似的危害和风险，但他们没有完成这些额外的

> 一个团队很难做到始终明显优于企业的其他团队。

工作"，而且会抵制操作纪律带来的变化。如果企业没有做好领导力、管理层承诺和透明度等方面的准备工作，则操作纪律体系提升计划的实施将困难重重，甚至会对企业的文化和绩效造成不利影响。

企业特性能显著影响操作纪律体系的实施，反之，操作纪律体系有助于塑造个人行为。实际上，在一个小型企业中，企业负责人了解企业中的每个人而且与每个人互动，通常仅需通过负责人的领导能力和魅力就可有效的推行操作纪律体系。但是随着企业不断发展壮大，负责人不再与每个人互动，必须依靠下级管理人员制定标准并实施各项政策。在这种情况下，需要制定更多常规制度来保证统一做法。最简单的做法是制定标准、持续激励员工执行这些标准，即操作行为和操作纪律。

有效的操作纪律体系的关键企业特性包括：

（1）领导力；

（2）团队建设和员工参与；

（3）遵守程序和标准；

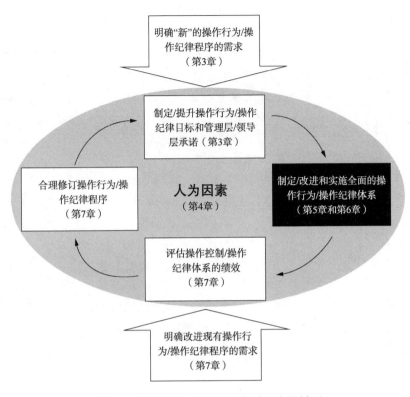

图 6.2 操作行为/操作纪律提升和实施循环

（4）清洁作业。

6.2.1 领导力

领导力是指在追求一个共同目标的过程中获得支持和影响他人的领导艺术。根据第 5 章所述，操作行为包括很多特性，这些特性用以支持实现可靠绩效这一共同目标。操作纪律侧重于那些可以通过有效的领导力进行影响的特定行为。

一天早上，一位检修工人负责更换一台磨床上的刀片，刀片滑落而且割伤了手指，需要缝合伤口。该程序要求戴上皮革工作手套，当时他为了取下一个双头螺栓上的螺母而摘下了手套，而在操作下一个刀片吊装之前没有重新戴上手套。事故报告指出，"这位员工知道在吊装刀片之前应该戴好手套；但未能遵守规定。"这位工人没有为调查发现的问题争辩；事实上，他提出这是发生事故的唯一原因。工作团队快速得出结论，而且给出两条建议：（1）强化手套使用政策和（2）探讨在更换磨床刀片时使用更好的手部保护措施。

午饭后不久，检修经理在事故调查报告上签字，并将报告提交给设施经理审批。那天晚些时候，设施经理通知检修经理到办公室。尽管设施经理非常支持探讨更好的手部保护措施的建议，但她反复询问其他未使用规定的保护装备的情况，指出事故调查没有说清企业为何继续容忍不安全行为和不安全状态。

第二天，事故调查组再次召开会议，提交了第三个更有效的建议，即：工厂每位负责人，包括设施经理，承诺对发现的任何不安全行为或不安全状态进行立即纠正，任何事情，如会议、电话或其他活动，都不能阻挡他们采取措施以减少对员工伤害的风险。

领导力的一个重要方面——以身作则，其与操作纪律密切相关。"言行一致"等流行语提出了员工对领导层严格遵守标准的要求。操作行为/操作纪律体系深入到企业的各个环节，很难用一个案例就能说清楚。当企业任何级别或任何部门的负责人未能证明他们言行一致时，该系统可能起到一定作用。

经理、总监和主管由企业任命而且赋予权力和权威。也可能任命具体的负责人，其真正权利源于他们的工作团队。在大部分团队中还有许多普通的未正式任命的负责人，他们对操作纪律体系的支持将提高团队的价值，对全面成功做出重要贡献。但是，如果这些未正式任命的负责人不执行新的或修订的操作纪律体系，则会给企业带来压力，也可能会给操作纪律体系带来危害。

操作纪律通常与操作人员、检修人员及其直接主管开展的活动密切相关。在大多数情况下，主管负责管理日常活动，他可以选择严格执行标准或睁一只眼闭一只眼。企业中的每个人每天都面临这些抉择，即：执行工作规则、指出不安全行为、纠正不安全状态和确保标准的正确执行。有效的领导者会选择开展所有这些工作。

> 一位项目经理决定在进入容器前不转动所有管线上双圈盲板。他认为自己的决定是合理的，因为进入容器的人员只在容器内工作很短一段时间。项目经理和进入容器作业的人员的这种做法违反了操作纪律。

操作纪律应高于车间员工及其直接主管做出的决定。部门主管、中层经理和设施经理经常面对这样一些诱惑，即：不遵守规则可能带来短期经济效益或直接回报。第一反应应该是遵守已经制定的标准，但制定的标准不可能涵盖所有可能的情况或条件，在某些无法预测的情况下，遵守这些标准是不可能的，更是不切实际的。因此，一旦制定了合理的标准，则应建立正式的方案，用以对标准的一次性或永久性变更提供正式授权，否则该项变更可能给企业和操作行为/操作纪律体系带来不良影响。当现有标准或规则存在例外时，必须明确和有效地传达相关规定，而且在特殊情况得到纠正之前，必须说明如何利用替代安全措施有效降低风险。

130

操作纪律适用于不同工作团队开展的各项工作。领导力和执行标准不仅限于操作人员、检修人员和其主管。尽管各项标准有不同的功能，但它们应以结果为导向，支持企业制定的目标。例如，严格的规则才有可能有效控制操作人员的交接班时间，任何时候所有岗位始终保持有效运转状态是企业生产中非常关键的一环。同样，技术人员按计划、负责的完成过程安全活动也是非常关键的。企业要求操作人员遵守操作限制和操作限制条件方面的标准，同时也应要求技术人员在风险管理方面发挥领导作用。例如，技术人员应负责：（1）分配顺利完成任务所需的资金和其他资源，（2）在厂级范围内运行一个工艺之前，开展适当的危害识别和风险评价，即便这可能导致延迟推出一种新产品。

有效的领导者通过以下方式支持操作行为/操作纪律体系：

- 树立榜样。
- 直观展示操作行为/操作纪律体系对企业员工安全的价值。
- 为顺利完成任务提供充足和合适的资源。
- 提供适当奖励和惩罚［详见第 4.8.2 节中的前因—行为—后果（ABC）分析］。
- 始终待在工作现场并积极参与工人活动。
- 理解应如何看待这些规避了以前基于规则作出的决策的决定，并积极与利益相关者一起解决任何有关该类决定的操作纪律方面的问题。
- 广泛应用操作纪律，并将支持操作的各功能团队纳入应用范围。
- 记录、保持和监控那些能表征操作纪律体系的指标。
- 认可和奖励良好的操作纪律绩效。

6.2.2   团队建设和员工参与

团队建设和员工参与包括以赋权和相互信任为核心的各种管理做法，这些做法主要用于征求员工对影响其工作的决定和行动的意见。员工参与胜过员工代表参与。员工代表参与意味着仅有工人代表、决策代表、或者顾问团队代表，如PHA 团队或者企业的过程安全委员会。员工参与的活动应持续开展而且涉及企业的全部员工。

20 世纪 80 年代，美国政府发起了一个重大研发计划，即：制造一台先进的气体离心机来有效降低铀浓缩成本。一个潜在的困难是试验离心机的组装问题，由于该项工作要求极高的精确度和技能。组装团队（不久后成为众所周知的"A 团队"）清楚地意识到该项工作对整个企业的重要意义。组装团队为能参与该项极高质量要求的工作而感到自豪。为按计划实现项目目标，团队建立了相关程序。整个组装团队严格遵守各项程序，每个成员对如何改进离心机的组装提出了非常有效的建议。

这明显加快了工程/技术人员开发转子组装方法的进度。

员工参与不是目的，而是到达终点的一种方法。员工参与基于这样一个前提：员工有资格参与决定如何出色的完成他们负责的工作。员工参与有助于企业持续改进并取得成功。本节阐述了员工参与举措的示例，包括：

- 日常危害识别和风险管理计划，如作业安全分析（JSA）。
- 点对点安全管理计划，如杜邦公司的 STOP™（安全训练观察计划）和类似的行为安全计划。
- Kaizen 计划。
- 5S 管理。

作业安全分析已经广泛应用于过程工业数十年，用于识别特定任务存在的危害，并评估为管理风险而采取的控制措施。一个有效的 JSA 计划有助于降低风险。但是，如果一个 JSA 已经降低到完成文字工作比识别危害和评估风险更加重要的程度，则该计划会对操作纪律体系造成不利影响。企业文化问题是许多重大过程安全事故的根源。

其他日常危害识别和风险管理活动包括**点对点安全管理计划**和更正式的**行为安全计划**。这两种方法拥有较高的员工参与度而且被证实非常有效。这两种方法需要强有力的领导力和管理层支持以保持其有效性。否则，也可能成为"我们知道应该去做但却无法做好的一件事。"从操作纪律角度看，这是导致失败的另一个原因。

Kaizen 是一种持续改进系统，用于解决质量、技术、工艺、生产率和安全问题。它甚至已被用于解决文化和领导力问题（参考文献 6.8）。"Kaizen"一词从日语翻译过来是"改善"的意思。Kaizen 追求定期的渐进式改进。有些企业相信："如果它没有坏，请不要惹它"，Kaizen 哲学是"即使它没坏也要改进它，因为如果我们不这么做的话，我们将不可能打败那些这么做的竞争对手。"Kaizen 改善周期包括以下步骤：

（1）标准化操作；

（2）测量已标准化的操作；

（3）根据要求用仪表计量；

（4）通过改革来满足要求和提高生产率；

（5）标准化新改进后的操作；

（6）重复上述步骤。

Kaizen 已在过程工业应用数十年。过程危害分析（PHA）团队定期分析工艺过程并评估偏离设计目标的风险。根据分析结果，过程危害分析团队提出逐步降低风险的建议，即使假定的情景从未在企业发生过。另外，过程危害分析是周期性活动，应定期对其进行审查并更新。标准化操作、评估运行状况、识别改进机会、实施批准后的变更，并将其纳入"新常态"，是一个有效的过程安全计划生命周期的全部内容。同样的方法有助于企业识别和有效实施支持各项目标的改进措施。

请注意 Kaizen 改善过程、过程安全管理体系和操作行为/操作纪律之间的共性。Kaizen 改善过程包括以下步骤：标准化和测量(指标)；理解和对比现状与要求(理解风险重要性)；创新，不是指个人的自由发挥，而是指严格控制的变更和改善过程(变更管理)；以及新的/改进的工艺过程的标准化。

5S 管理旨在创建和维持一个安全和高生产率的工作环境。正如本节阐述的所有其他的示例一样，它的实施主体是参与员工所组成的团队。

一个衡量团队合作和员工参与的可靠标准是员工自豪感。以某种有意义的方式贡献于企业的成功，会激励员工，并增强员工在工作岗位、工作团队、企业和雇主中的自豪感。有自豪感的员工会在社会中侧面展现出其雇主和工作场所的正面形象。

所有这些示例以及任何其他持续改进方法，具有以下共同特征：

• 各项改进均来自参与员工所组成的团队。企业可能利用外部服务商"开始某项活动"，但员工参与的过程仍依靠企业自身。

• 每个员工参与的过程均需要管理层的关注，以保持员工参与的积极性，直到员工参与成为企业文化或"我们做事方式"的一部分。从这一角度看，当管理层停止关注时，生产产品不必要的任何活动都将受到影响。在休息室内墙上悬挂的励志海报中的豪言壮语和现场实际行动之间的差异，是对操作纪律体系的一种挑战。

• 改进总是一步一步来完成的。通常来讲，坚持不懈地努力，而不是"寻找捷径"，是实现最大改进目标的唯一方法。

• 从事最危险工作的员工通常积极、热情地参与改进安全的工作。

• 员工因为对企业做出贡献而感到自豪。

• 对提升企业做出贡献的员工得到认可和适当奖励。

6.2.3　遵守程序和标准

第5.5.8节从企业角度描述了偏差零容忍的操作行为的属性。本节从个人或小型工作团队角度对合规性进行描述。在一个企业中，知道捷径的人虽然很少，但至少有人知道。在某些情况下，主管和其他领导"不想知道"工作是如何完成的，只是一味地追求结果，而不愿面对未经授权的不安全的行动可能带来的危害。

第4.5节阐述了基于规则、基于知识和基于技能的工作活动之间的差别，并指出同一位工人经常从事一个程序中的三个主要领域的工作。一个有效的操作行为体系能够识别出各种活动何时基于规则、知识或技能，而且提供适当的知识、技能和资源。本节强调合规性，与基于规则的政策和程序密切相关。

> 商业飞行员利用基于规则的程序关闭舱门、滑行到跑道上并且起飞(例如：有预定鼓翼和最小转速设定值)。然而，不同机场在不同天气和交通条件下，其检查、后退、滑行和起飞顺序的成功实施均需要技能和知识。

第一类偏差是走捷径。员工通常发现还有其他方法可以完成工作，有些捷径使得完成工作更轻松，有些捷径可提高生产率。在任何一种情况下，绝对不允许执行未经授权的捷径，即使能够带来短期效益。在某些企业中，想出更快/更好方法的员工受到企业对其"完成工作的能力"的正面认可。在缺少操作纪律的情况下，管理人员故意对员工的所作所为睁一只眼闭一只眼，因为他们仅对预期的结果感兴趣。

某企业的政策允许铁路车辆卸料工人在完成当天所有车辆卸料后回家。有时，储罐中高液位诱发联锁，导致卸料过程停止。如果卸料工人坚信储罐中仍有储存空间，他们不想等待储罐液位下降(液位随着工艺加工过程中物料的使用而下降)，因此他们忽视联锁，最终导致储罐溢流。此溢流事故发生的原因部分归咎于企业政策实际上鼓励了员工走捷径。

第二类偏差是遗漏错误——跳过一个步骤或者有些事情没有做。有时工人发现如果他们什么也没做，但结果却很好。如：(1)操作工可能发现在每次值班时跳过一组读数并未出现不良后果，或者(2)润滑机械工人可能发现仅需每隔一周注入一次润滑油就可以解决"很难够到"的润滑点的问题。其他保护措施也能解决问题。此外，在交接班结束之前诸如此类事件引发损失事故的概率极低。即使不遵守规则也可能没有负面影响。正如绝大多数开车不系安全带的人也能安全到达目的地一样，大多数员工选择忽略简单的保养检查、操作工巡检和类似的常规作业，因为这样做也能顺利完成工作，而不发生事故。操作纪律要求员工严格按照规定步骤完成任务，摒弃"即使不完成任务，一切也会没事"的想法。

第三类偏差源于未提供足够的时间、足够的工具或其他资源。尽管这些因素造成的不良后果常常归咎于个别员工没有遵守操作纪律，但实际上应归咎于不完善的操作行为体系。该项内容的详细说明请参考第5.4.4节。

一个更小类别的偏差是未能约束同事认真遵守既定的政策和程序。员工不愿意面对或上报某位同事的不规范做法。在加工行业中，单个错误会引发一连串事件，导致多人严重伤害或死亡，因此员工之间相互监督是非常重要的一个安全环节。容忍同事走捷径或犯其他错误可能导致所有员工面临危险。

在解决走捷径和遗漏错误时，重要的一点是不能将结果与活动分割开来。如果未经授权偏离某项基于规则的政策或程序反而产生正面效果，如：避免装置停车或者使装置快速恢复正常运行模式，则对选择偏离该政策/程序的工人实施的惩罚应以

活动和结果是密不可分的。例如，很少有人认为在任何情况下，工人都应该屏住呼吸进入受限空间，即便是为了营救同事。对大多数人而言，都承认冒着生命危险营救另一个人是英雄之举，但受限空间事故往往造成两人同时死亡，所以假设的案例中的该营救人员的行为是轻率之举。工人必须按照操作纪律要求严格遵守各项程序，包括进入受限空间作业程序。

其采取的行动为依据，而不是以正面效果为依据。同样，如果结果变得非常坏，如：反应失控，则应对在超过规定限值时选择不停车的工人实施惩罚，且惩罚的力度不多于也不少于上次采取相同措施但没有负面效果发生的另一位工人。

还有另一类偏差源于这种观念"一直是这样做的"，是一种偏差常态化的典型症状。日常的不安全行为表现被忽视或听之任之。例如，1997 年 9 月 14 日，印度斯坦石油有限公司(HPCL)炼油厂的一位工人打开一个液化石油气球罐上的排水阀，然后继续执行其它任务，因为球罐排水通常需要几分钟的时间。操作工不知道该球罐中的水分最近已排干净。结果造成液化石油气泄漏，引发一系列火灾和爆炸，造成 60 人死亡。对重复性偏差的容忍逐渐破坏了操作纪律体系(参考文献 6.9)。

1997 年 HPCL 炼油厂灾难性事故和许多其他的灾难性事故的始发事件均为人为错误。关于人为错误的更完整说明，请参考第 4 章。简言之，仅仅依靠操作纪律体系，或者任何其他倡议，不能消除人为错误。一个偏差并不能说明操作纪律体系不健全，但是如果容忍不可接受的高出错率，则表明操作纪律、文化和相关的操作行为出现了问题。

有助于识别和消除偏差的活动包括：

• 有计划地对关键任务、常规任务进行监督和检查。监管人员往往强调密切监控异常事件，但没有关注常规任务检查，直到常规任务出现问题才会开始关注。有计划的监督和检查有助于发现走捷径的人，消除不安全的隐患，而且潜在的改进那些最终被确定为需要改进的政策和程序。

● 随机抽查日常维护和其他类似的活动。有些违章活动很容易发现，如：有些人未能正确操作设备。有些违章则需要严格检查。例如，如果要求操作工在每次使用设备之前都要利用一个规定的检查表来评估设备，监管人员应按照有效的操作纪律体系的要求随机抽查检查表，以确保正确和全面填写检查表，而且该随机抽查应在开展工作期间进行。

● 明确每月抽查工作许可合规性的最少次数。这些检查通常应分配给操作人员、维修人员和技术组成员，从而更好地分散工作量并避免出现"哪里有安全员，哪里就有好转"的反射现象。

● 制定并实施再培训方案，以强化员工按照规定的要求完成工作，尽可能避免出现不良后果。

● 持续强调安全问题，包括消除不安全状态。

6.2.4 清洁作业

清洁作业是表征操作纪律体系的有效性的指标。然而，与员工参与一样，清洁作业也是到实现目标的一个手段，而不是最终目的。清洁作业是安全的和高效的工作环境的众多影响因素之一。一个混乱的工作环境可能导致工业安全事故，且必然降低生产力。清洁作业也对过程安全有益。例如，如果设备、地面和其他表面保持干净，则更容易发现小的泄漏，从而避免发生严重泄漏事故。

操作纪律要求远高于清洁作业。如果企业标准要求在排净和排放管线的端部安装丝堵，则这些丝堵必须安装到位。同时，必须安装设备防护装置，管道吊架应安装到位，没有敞开的电气柜或未盖好的接线盒，消防门保持关闭，等等。未正确关闭或密封的任何设施对巡检人员而言都是显而易见的。

一位安保人员在常规巡检时发现一个泄漏点。由于从未发生泄漏情况，所以他知道可能出现了问题；地面上出现任何水坑则表示有问题。他呼叫控制室人员过来查看，从而使工厂免遭运行泵故障。

保持良好的清洁作业的最直接的指标是：（1）毫不杂乱；（2）干净的墙壁、天花板和地面；和(3)自觉把东西放到他们该放的位置。当发现偏差时，认真执行操作纪律的企业将会修复不安全状态，并主动寻找其他可能存在相同问题的场所。更重要的是，他们会进一步分析这些不安全状态或低生产率状态得以发展和存留的原因，并采取措施解决已经发现的操作纪律问题。

6.3 个人特性

本节内容阐述了企业内部个体员工的几种特性。一位高级设施经理曾经说过："同甘苦，共患难"。即使有良好的计划、政策和程序，也不能保证会有卓

136

越的运营。卓越绩效取决于员工能否出色地完成他们的本职工作。

本节内容描述的特性是被聘用员工的内在素质。这些特性可以具有感染力——这些特性的附加价值会引导每个员工做得更好或不断提高他们自身的工作能力。本节阐述的个人特性包括：

（1）知识。

（2）承诺。

（3）意识。

（4）注重细节。

6.3.1 知识

培训和能力开发是操作行为体系的重要组成部分(参见 5.5.4 节)。工人需要理解如何执行一项任务。同时，工人还需要理解事情运作的某些方面的知识，以及按照书面程序执行该项任务的重要性。如果他们工作的工艺或设备是一个大黑箱子，则他们可能无法识别何时工艺状况不在界定安全边界和正常运行的"界限范围内"。最后，工人需要认识到他们何时已经达到其知识极限和何时需要主管或技术人员的帮助。在一个有效实施操作行为/操作纪律体系的企业内，这些要求被视为积极的要求，而不是消极地承认不足。

操作工(用户)、日常检修工、修理工和设计人员的培训需求应予以分开。例如，自动柜员机(ATM)彻底改变了我们从银行账户提取现金的方式。用户必须学会简单而且相对直观、但完全不同的各种操作步骤。如果不能正确执行操作步骤，则柜员机不提供现金。有着不同培训需求的新工作因此诞生。需要有人在ATM内补充现金，而这项工作需要掌握柜员机的部分运行知识。ATM 机总技师(当出现非常规问题时需要向其寻求技术支持)需要十分了解柜员机的设计信息，以便能正确诊断和解决柜员机出现的任何问题。总设计师和设计团队成员需要知道相当多的机械设计、结构、制造材料性能、光学成像等方面的知识。每个人员或每个工作团队有不同的知识需求，应针对这些特定的需求开发相应的培训计划。

同样的模式适用于加工行业。然而，加工行业中发生故障的后果可能比不吐出现金严重的多；后果可能是灾难性的。如果工人的理解仅限于记住规则，他可能无法辨别这些规则不适应的情况，从而导致无法工作，或者甚至可能会把工艺异常波动处理不当，而演变成一场灾难性事故……丰富的知识可以使工人发现偏差并快速准确地评估偏差的重要性。

2009 年，机长切斯利·苏伦伯格坚持让美国航空 1549 航班在哈德逊河上迫降就是一次"遵循程序"的案例。按照机长苏伦伯格的建议，副驾驶尝试重新启动引擎和调节襟翼位置任务，同时，机长苏伦伯格决定在哪里降落和继续让飞机飞行。换句话说，按照机长苏伦伯格的说法，在哈德逊河水上迫降仅仅是遵循一套既定程序。

机长苏伦伯格在水上成功迫降后不久接受 CBS 新闻采访时，说："42 年来我一直从这个角度看待这件事情，就像我在一家银行中存款，虽然每次存款不多，但坚持定期存款就可积少成多，飞行经验的积累也是如此，需要在平时多参加教育培训。"(参考文献 6.10)。

有效的聘用和培训计划有助于保证员工拥有同样的知识，而且允许他们利用其它机会扩展知识面。类似机长苏伦伯格这样从内心深处希望扩展自身专业知识的人，都是勤奋有效率的员工。

保持企业竞争力、培训的有效性、遵守政策和程序以及报告异常状况，是有效操作行为/操作纪律体系的所有内容。一个成功的体系，需要：(1)具备相应知识的人，和(2)决定需要哪些知识的人。第二个因素，"需求方"并不始终存在，不能仅依靠个人识别这些需求。由于许多工艺过程是由一个团队来操作，第二个因素也有助于所有团队成员对工艺过程有一个共识。因此，企业需要制定计划来识别和传输重要信息给工人。有效的领导者不仅推动知识传播，而且积极鼓励工人提高自身技能和知识，而且他们在其职业生涯中始终贯彻执行以身做则的做事原则。

传授知识有很多方法。有些方法，如培训课程，相对有效但成本较高。另一些方法，如要求人们利用业余时间自学程序、装置技术手册或类似文件，虽然成本很低但学习效果相对较差(在操作行为/操作纪律领域的一位作者指出，教育研究已经表明我们在阅读知识后仅能记住阅读内容的 10%[参考文献 6.11])。通常情况下，深度参与可提高学习效果。让操作工参与危害分析团队的好处之一是将所学知识和记忆内容与工作环境相结合，效果远比常规培训好很多。轮番参与危害分析至少可以训练员工在思考问题时采用"失败思维模式"(如："假如……将发生什么事")而不是"成功思维模式"(他们采取行动而且会发生预期的结果)。

实际操作培训可提高认识，但这种方式通常需要更多时间和精力。以灭火器培训为例。一种培训方法是要求每个人阅读一段发生火灾的必要条件(燃料、氧化物、点火源和混合)和灭火器操作方法的摘要。第二种方法是开展课堂培训，通过教师模拟灭火进行演示。一种更加可靠的方法是课堂培训和学员在安全/可控条件下实施真正灭火相结合。许多从事加工业的企业将其应急响应人员送到专业学校，专门学习该类实战经验。通过这种方法，将基于规则的技能通过实践加以强化。

若要实现知识的有效传播，需要制定计划和日程表。换句话说，企业不希望出现"一些人早上醒来，发现自己还未完全了解火灾，或者不熟悉灭火器操作步骤"这种情况。当然，企业也不能坐等直到有一场火灾发生，才提出"全面培训正确使用灭火器是非常必要的。"

在有些情况下，很多基于知识的培训是临时的。工人的学习方式有：(1)自身经验；(2)他们碰巧目击的事件；(3)以往发生的事故；和(4)与来自其他部门或企业的更高层同行或人员的交流。经验是最好的老师，但一定不是最好的学习方式。没有人可以保证所有员工通过临时的在职培训能够获得需要的知识。另外，他们也可能获得不正确或过时的知识，犯错误(最难忘的经验)可能付出昂贵的代价。

成功的企业通常将基于规则和技能的培训与基于知识的培训紧密融合在一起。前者解决"我们应该做什么和如何去做?"的问题，而基于知识的培训解决"我们为什么这样做和这种方式为什么比我提出的替代方案有更好的效果?"的问题。基于知识的培训为以下工作打下了坚实的基础：(1)在解决特定问题的可选方案中进行选择，(2)评估选择的方案是否能够实现预期结果，和甚至(3)扩展基于规则的程序和基于技能的培训效果，解决更为复杂的问题。

在制定知识提升计划时应考虑的关键因素包括：

- 指定阅读材料，此方法虽然快捷和成本低，但通常没有效果。
- 培训课程有利于解决问题，可通过观察参与者的肢体语言来衡量参与者理解程度；然而只有在以下两种情况下开展此类培训最有效：(1)针对基于知识的培训，和(2)培训师有丰富的知识和专业经验。
- 一对一讨论通常也是一种有效的传授知识方式，但与系统化培训课程相比，这种方式更倾向于随机性，也增加了传授不正确或不完整信息的可能性。
- 基于知识的培训与基于技能的培训相结合，或者通过扩展的活动增强对基于知识的培训中出现的各种概念的理解，均可提高知识传播的效果。
- 员工应自问是否具备正确的和安全的完成任务所应具有的知识，同时鼓励员工提出自己的培训需求。

6.3.2　承诺

衡量承诺的正确方式是什么? 承诺是愿意为了公司大局牺牲自己的利益吗? 这当然不是承诺的目的。承诺是某个工作团队的承诺? 还是涵盖所有其他员工的意愿? 重申一遍，这都不是操作纪律体系所指的承诺。

在操作纪律框架内，员工个人承诺按照既定政策、程序和做法履行职责，并承诺在操作纪律体系内持续改进政策、程序和做法。员工承诺相信同事，并清楚的理解关注点和问题，而非简单的询问动机。最重要的一点是，经理们承诺保证员工对自己的行为负责，而不是对其行为所造成的后果负责。

个人承诺并不意味着绝对服从，也不是根据意图的好坏来衡量。它指的是一系列行动(或者决定不采取的行动),这些行动明显受企业基本原则的影响。在列举的示例中,如果员工安全是企业的基本原则,则白班检修组成员应对企业的该项原则有更多的个人承诺。如果生产高于安全是企业的基本原则(一般来讲,这当然不是该企业或加工行业的政策或意图),则主管和第二班工人对企业的该项原则有更多的个人承诺。

操作纪律同样要求管理人员对操作纪律的基本特性做出个人承诺。应特别注意认可什么和奖励什么,以及什么可能对相关人员造成不利影响。这是管理层和整个企业的承诺和价值的良好指标。

液面探测管是指用管道制成、通过焊接法设计安装在两个法兰之间的项圈连接,最终安装在装有氢氟酸(HF)的容器上。该管道端部已腐蚀和失效。尽管规定要求在打开氢氟酸储罐之前必须执行排净和清洗步骤,但班组认为排净储罐可能造成不可接受的长时间停车,并判断打开储罐很短一段时间是安全的,因为真空系统能防止氢氟酸烟雾从打开的储罐中泄漏出来。

因此安排两位白班检修工人去拆除原有液面探测管的剩余部分并插入更换管。这两位工人拒绝执行该项任务,举例说明该项任务违反了存在已久的规定,并提出了他们在氢氟酸容器顶部工作的同时利用主动防护措施(如真空系统)为其提供保护的担忧。更换液面探测管位于储罐外侧,一整天接受阳光直射。两位检修工人与其主管针对更换页面探测管的问题的热烈讨论仍在继续。在下午4:00后,一组从下午值班检修组来的非常缺乏工作经验的工人同意去安装液面探测管。一切都按计划进行,直到液面探测管开始接触液体表面,此时隔离了真空系统并加热了封闭在打开管线内的酸液。氢氟酸很快沸腾,其中一位检修工人严重烧伤。

显然,车间主管和下午值班的检修工人未能认识到这些危害。甚至白班检修组成员也不能清楚地表述他们特别担忧的缘由,他们仅仅不希望从事氢氟酸储罐检修作业,这在以前是一项被禁止的活动。但是,三个团队的承诺是:(1)白班检修组人员承诺遵守政策,但是对执行分配给他们的任务表现出模糊的、真实的担忧;(2)车间主管承诺尽快恢复装置生产而不遵守企业规定;和(3)那天下午的维修人员承诺安装液面探测管以确保装置重新启动。计划以及支持该项计划的各种理由,通常体现了很多承诺。

承诺的另一个方面是个人责任。高效工作团队相互负责,而效率较低的工作团队通常接受马虎和日常偏差,甚至认为导致不良后果的原因是运气不好。个人、工作团队、部门和整个企业应负责他们应该且能够管控的事情，同样应该对他们可以影响的事情承担重大责任。

承诺不易测量。很难了解一个人或一个团队对一项任务或目标的承诺有多么坚定。不过，人们过去的绩效通常是预测其未来绩效的良好指标。该格言对承诺也适用，坚定的承诺带来理想的结果，这反过来又增强了个人和团队承诺。

6.3.3 意识

意识是一个企业所有员工的关键特性，包括首席执行官到一线人员。意识包括：(1)感知所在环境中的线索；(2)解释这些线索的含义；(3)根据解释预测未来将要发生什么。因此，意识非常重要；被忽视或未解决的小问题可能导致工艺波动，并最终在工人缺少安全意识的情况下引发事故。

> 一位高级维修技工被安排执行更换甲醛罐内一台液位传感器的任务。甲醛罐已经排净。由于厂内操作工人手不足，而且他是工厂内最资深的技工，所以他劝说操作工离开，由他自己执行任务。当时厂内有两台相同的储罐。该技工从相反的方向走向储罐，他走向错误的储罐而且拆除了高液位传感器。该储罐几乎已注满，因此甲醛从储罐内喷到他脸上。他跌跌撞撞地快速向后翻过防火堤。被一群恰巧经过那里的员工发现才得到及时救治。

在有些情况下，因为会面临艰难的选择，人们会不自觉的主动回避安全意识。高级管理人员周围可能有很多有类似想法的人，其思路被左右，可能做出非常糟糕的决策。在生产一线，安全意识通常决定了工艺波动引起的后果是小波折、短暂的生产中断还是重大事故。意识包括自我检查和同级检查，检查的标准不是"是否足够好"，而是"是否符合标准"。

当面对多个不同的工艺读数时，有安全意识的工人，不会只接受那些在规定范围内的工艺读数，而忽略其他读数。他们采取的正确的处理方法是，确认哪些读数是正确的，并按要求采取措施稳定或调节工艺，然后调查和分析解决(或采取措施解决)错误读数的原因。另外，具有安全意识的工人深知危害和风险，他们更密切关注具有重大风险的异常现象。

首先能够意识到异常情况的发生，工人才会采取措施解决。当面对高结构化任务时，大部分人通常倾向于调出似乎与当前任务无关的所有数据，只有对周围情况十分敏感的人才能够快速发现异常噪音、异味、振动或其他类型的异常工况。有时候这些异常工况看起来无足轻重，但它们通常指向那些假以时日可能演变成重大事故的潜在问题。

情境意识包括关注相关的邻近装置和工作区域。部分示例如下：

- 尽管收集槽和排气烟道与发生事故的装置没有任何关系，但它们却可能给执行任务的工作组带来严重危害。

- 当操作工将蒸汽排放到平常无人作业但恰巧油漆工正在执行任务的区域时，这些油漆工受到惊吓。
- 一种含有高浓度水的中间产品被切换至一个通常不接受/使用这种物料的一个工艺系统，因此造成重大损失。

只要出现作业中断或者从一个工作组交接给下一个工作组，则应强调安全意识。尤其是，如果在非常规活动中中断作业，则工人应留出足够时间充分熟悉系统的最新状态。当需要移交或者设计进入运行阶段(如：交接班)时，必须制定系统化的程序以增强安全意识，通常用检查表或书面日志的方式实现。

最后，只有安全意识是不够的。只注意到一位高空作业的同事未系安全带，是不能降低风险的，必须根据观察到的问题采取相应措施。每个人，从设施经理到自助餐厅临时工，都应该认识到他们有责任报告和/或采取措施以纠正任何不安全状况或意外情况。

有些工人能够更好地感知异常情况，不管是他们具有敏锐的听觉、嗅觉，还是仅仅更善于观察，他们总能够注意到异常情况。而另一些工人专注于一项任务时，注意不到其他事情。这是真正的个人特质，难以通过学习提升，与本章内容中描述的的其他特性有所不同。然而，通过以下方式有助于强化安全意识：(1)让人们意识到其周围存在的危险；(2)不断加强警惕性和安全意识；(3)奖励因采取措施而有效预防损失事件发生的警惕员工。

6.3.4 注重细节

几乎每个人都被告知："如果一件事情值得去做，就应努力做的更好"或者"成败在于细节"。可靠的行为要求注重细节。

注重细节是安全意识的补充。高度的安全意识可能促使工人经常环顾四周，查看发生了什么可能影响其工作的事情，而注重细节则要求员工集中精力做好手头的工作。这两个特性并不冲突；相反，它们是相辅相成的。

操作纪律要求精确的和可重复的工作，尤其在出错可能导致严重后果的情况下。操作行为通过识别关键任务和可行措施来补充操作纪律的这项要求，通过关键任务和可行措施可以预防单一的人为错误引发不可接受的后果。

2004年9月8日，NASA的航天飞机创世纪，为支持NASA的太阳风研究项目，在经历三年收集太空样本后返航时，发生异常坠毁在犹他州的沙漠里。航天飞机创世纪的本意是在进入地球大气层后，利用一个稳定减速降落伞，通过直升机在空中抓住降落伞，以此保护宝贵的样品。然而，降落伞未打开导致返回舱以每小时193英里的速度撞到地面上。分析原因后，确定一个设计用于根据减速率启动降落伞的G型开关失效。导致开关失效的原因是设计失误，设计要求朝下安装 G 型开关。为确保安装正确，安装工作非常谨慎，但却没有认真审查设计内容的正确性(参考文献 6.12)。

与其他风险管理活动类似的是，那些有利于防止或减轻人为错误后果的安全措施也会在某些时间段内失效。因此，降低这些安全措施的触发频率可降低风险，并同时考虑采用减少人为错误和增加更多保护层两种措施来提高安全性。(在许多情况下，减少人为错误率和改进安全措施相结合是最佳解决方案)。一个有效的操作纪律体系，通过各种举措来降低人为失误，如避免因假象而导致将重大的错误误认为是单一的人为失误。同时，应评估错误原因(包括未注重细节)，并采取再培训及其他措施来减少错误发生率。

操作行为确保识别关键任务；操作纪律确保精确和重复执行这些任务。注重细节体现在操作纪律的每个方面，它保证正确填写表格中的每个空白，它保证清理干净洒在走廊中的咖啡，它保证每个字拼写正确，它保证按时上班，等等。有些人比其他人更关注细节。不是每个人都有成为一名会计师或一名外科医生的潜质。因此，操作行为体系必须突出某些方面，注重细节是影响这些方面安全生产的重要因素，而操作纪律可保证每个人都能注意这些细节。

6.4　总结

本章介绍了几个企业和个人特性，这些特性构成了一个有效的操作纪律体系的基础。考虑到设施的多样性，有些特性比其他特性更加重要，而在某些特定情况下，有些特性可能意义不大。读者应仔细分析每个特性，并确定：(1)它是否可能明显提高其设施的运行绩效；如果是，(2)是否需要额外的基础工作来支持操作纪律。

有效的操作行为体系的特性的相关知识(详见第 5 章)，以及操作纪律体系的企业和个人特性(详见本章)，应能帮助读者判断操作行为/操作纪律如何给企业带来效益。然而，安全和生产运行的真实效益只能来源于，接受并灵活使用这些方法不断改善企业的实际做法。下一章内容介绍如何有效实施本书提出的各种概念。

6.5　参考文献

6.1　U. S. National Transportation Safety Board, *Collision of Metrolink Train* 11 *with Union Pacific Train LOF*65 - 12, *Chatsworth*, *California*, *September*

12, 2008, Accident Report NTSB/RAR-10/01, PB2010-916301, Washington, D. C., adopted January 21, 2010.

6.2   Klein, James A., and Bruce K. Vaughen, "A Revised Program for Operational Discipline," *Process Safety Progress*, American Institute of Chemical Engineers, New York, New York, Vol. 27, Issue 1, March 2008, pp. 58-65.

6.3   Kletz, Trevor, *What Went Wrong? Case Histories of Process Plant Disasters, Fourth Edition*, Elsevier, Burlington, Massachusetts, 1999.

6.4   Atherton, John, and Frederic Gil, *Incidents That Define Process Safety*, Center for Chemical Process Safety of the American Institute of Chemical Engineers, John Wiley & Sons, Inc., Hoboken, New Jersey, 2008.

6.5   Kletz, Trevor, *Lessons from Disaster: How Organizations Have No Memory and Accidents Recur*, Gulf Publishing Company, Houston, Texas, 1993.

6.6   Kletz, Trevor, *Still Going Wrong! Case Histories of Process Plant Disasters and How They Could Have Been Avoided*, Burterworth-Heinemann, Burlington, Massachusetts, 2003.

6.7   Lees, Frank P., *Loss Prevention in the Process Industries: Hazard Identification, Assessment and Control, Second Edition*, Butterworth-Heinemann, Oxford, England, 1996.

6.8   Imai, Masaaki, *Kaizen: The Key to Japan's Competitive Success*, McGraw-Hill/Irwin, New York, New York, 1986.

6.9   Khan, Faisal I., and S. A. Abbasi, "The World's Worst Industrial Accident of the 1990s, What Happened and What Might Have Been: A Quantitative Study," *Process Safety Progress*, American Institute of Chemical Engineers, New York, New York, Vol. 18, Issue 3, Autumn 1999, pp. 135-145.

6.10   Interview transcript, 60 *Minutes*, CBS News, February 15, 2009.

6.11   Howlett, H. C, II, *The Industrial Operator's Handbook: A Systematic Approach to Industrial Operations, Second Edition*, Techstar, Pocatello, Idaho, 2001.

6.12   National Aeronautics and Space Administration, *Genesis Mishap Investigation Board Report, Volume I*, Washington, D. C., October 2005.

6.6   补充阅读

- Buckingham, Marcus, and Curt Coffman, *First, Break All the Rules: What the World's Greatest Managers Do Differently*, Simon & Schuster, New York, New York, 1999.

- Byham, William C, Ph. D., and Jeff Cox, *Zapp! The Lightning of Empower-*

ment: *How to Improve Productivity*, *Quality*, *and Employee Satisfaction*, The Ballantine Publishing Group, New York, New York, 1998.

- U. S. Department of Energy, DOE Order 5480. 19, Change 2, *Conduct of Operations Requirements for DOE Facilities*, Washington, D. C. , October 23, 2001.
- Goman, Carol Kinsey, Ph. D. , *Managing for Commitment*: *Building Loyalty Within Organizations*, Crisp Publications, Inc. , Seattle, Washington, 1995.
- Klein, James A. , "Operational Discipline in the Workplace," *Process Safety Progress*, American Institute of Chemical Engineers, New York, New York, Vol. 24, Issue 4, December 2005, pp. 228-235.
- Senge, Peter M, *The Fifth Discipline*: *The Art & Practice of the Learning Organization*, Doubleday, New York, New York, 2006.

7 实施和维护有效操作行为/操作纪律体系

7.1 简介

第3章介绍了制定操作行为/操作纪律目标和启动/维持该管理体系所需的管理层应具备的领导力。本章内容阐述了各级经理和主管在建立、实施和保持一个有效的体系中的职责。主要依靠计划—执行—检查—改进（PDCA）方法（即：一种循环四步法），来实施业务流程变更，如：操作行为/操作纪律。在运营过程中，管理人员需要付出持续不断的努力，这些努力贯穿PDCA整个循环周期，从而实现持续改进。管理人员还应保证其承诺给予的资源能够真正实现既定目标。

NUMMI——实施有效程序的实例

1983年，丰田汽车公司（丰田）和通用汽车公司（GM）开始组建一个合资企业，即：新联合汽车制造公司（NUMMI）。丰田汽车想尽快启动在美国的汽车生产计划，而通用汽车希望学习更多丰田汽车的生产体系，并重新启动处于停产状态的加州弗里蒙特工厂。

弗里蒙特工厂因故停产，该工厂工人的声誉很差：经常罢工、不断提交抱怨书信和生产质量低劣的产品，缺勤率经常超过20%。丰田公司非常担忧该厂工人能否接受并支持丰田公司生产体系核心原则—团队精神和员工参与理念。

尽管如此，丰田公司仍根据弗里蒙特工厂的实际情况，为NUMMI美国员工制定了生产体系培训计划，以培养员工参与意识，并力争在工人与管理层之间建立相互信任的氛围。每当出现问题时，在解决问题的过程中都注意采纳员工提出的建议。在20世纪80年代销售业绩下滑时，NUMMI减少了工厂生产时间和管理人员的奖金以免工人失业 - 强化了管理层对工人及其福利的承诺。

结果令人瞩目。一年内，缺勤率下降至2%左右，同时产品质量很快从通用汽车公司的最糟糕情况上升至最好情况。通过改善管理和生产

146

体系和实施有效的操作行为/操作纪律体系，NUMMI 实现了所有股东制定的企业目标(参考文献 7.1)。

在计划(Plan)阶段，应制定为达到预期结果所需的目标和过程。故，也应制定一项完整且准确的预期的操作行为/操作纪律体系结果输出说明，该说明是计划制定成功的必要条件。计划阶段还包括用于以后各阶段的指标的选择。

在执行(Do)阶段，各过程得以实施。小型试点测试往往需要经历多次 PDCA 循环，其结果通常使得操作行为/操作纪律体系得以更加有效的(较少干扰的)实施。

在检查(Check)阶段，基于特定目标，利用选定的指标和调查结果对各过程实施评估。对比评估结果与基准值，以确认各过程出现的偏差。

在改进(Adjust)阶段，对比实测结果和预期结果，分析引起偏差的原因和偏差的重要性。在此阶段，管理人员决定如何采取措施提升目前的操作行为/操作纪律绩效。即使对比结果是令人满意的，也存在不断提升绩效的机会。

图 7.1 给出了适用于操作行为/操作纪律的 PDCA 循环图。实施新的操作行为/操作纪律体系的企业，正如第 3 章内容所述，将在计划阶段从该图的顶部进入 PDCA 循环；那些正在更新或正在完善现有操作行为/操作纪律系统的企业，则在改进阶段从该图的底部进入 PDCA 循环。当企业完成前三个阶段的循环后，仍不能识别出改进需求或改进机会时，应重新界定各项目标，以促进企业自身不断持续改进。定期重复这四个阶段。

表 7.1 列出了适用于操作行为/操作纪律实施过程的 PDCA 循环的基本步骤。这些步骤的具体描述详见本章后文。

7.2 制定计划

根据第 3.3 节所述，高层管理者的首要任务是制定预期目标。终极目标是什么？高层管理者的愿景是什么？第 5 章和第 6 章阐述了操作行为/操作纪律体系的构成。

当管理层制定计划和行动目标时，这两章提供了思路和出发点。一旦明确了目标，管理者应在考虑当前实际情况的基础上，制定 SMART[①] 行动计划，以实现企业既定目标。

问题之一是评估现有的包含 COO/OD 要素的管理体系的成熟度、有效性和

---

① SMART：具体的、可测量的、可实现的、相关的、有时间限制的。

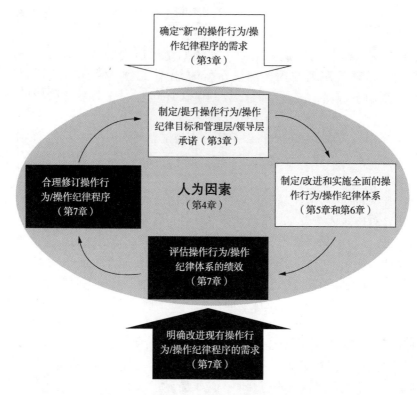

图 7.1 操作行为/操作纪律提升和实施循环

兼容性。这有助于明确达到目标所需要制定的计划的详细程度。例如，当一个企业现有的培训方案切实可行时，则制定的计划可以相对简单点，可能仅仅需要对已有计划进行微调。当企业制定了交接班管理办法，但交接班沟通效果很差时，则需要制定详细的计划来改善操作行为/操作纪律体系中与此相关的不成熟的要素。

表 7.1 适用于操作行为/操作纪律实施过程的计划—执行—检查—改进方法

计划： 分析现状、制定计划	制定可测量的操作行为/操作纪律目标
	识别受操作行为/操作纪律影响的工艺过程
	选择适用操作行为/操作纪律的工艺过程
	列出每个工艺过程当前已有的步骤
	画出每个工艺过程的流程图
	识别与操作行为/操作纪律实施有关的问题
	采集当前工艺过程的数据
	制定实施计划
	获得批准和支持

续表

执行： 实施计划	试行或试用已选方案(第一次进行 PDCA 循环) 在整个企业中实施变革(第二次进行 PDCA 循环)
检查： 评估结果	采集关于系统修订结果的数据 分析结果数据 实现预期目标了吗？ ● 如果是，跳过改进步骤，将目标重新设定为下一个持续改进目标，更新计划，并重复 PDCA 循环 ● 如果否，执行改进步骤，修订实施计划，重复 PDCA 循环
改进： 标准化实施过程(持续改进)	识别全面实施所需的系统变化和培训需求 操作行为/操作纪律系统持续监控计划 继续探索操作行为/操作纪律体系的渐进式改进

管理层和一线工人间的相互信任是任何提升计划成功的必要条件。建立和保持相互信任的唯一方法是所有各方均清楚的理解自己承担相关责任的标准。此外，企业应建立管理机制，依据企业现有标准，公平评判绩效，并让员工为其偏离标准的做法承担相应责任。企业必须制定具有切实可行目标的战略性计划，设定目标和时间限制，制定可衡量的绩效标准。

7.2.1 制定统一的绩效预期

计划的第一步骤是在整个企业中建立统一的绩效预期，通常采用标准的形式。(若要寻求改善或振兴已建立绩效预期的现有的操作行为/操作纪律体系，第一个步骤是差距分析，详见第 7.5.1 节)。所有员工，不仅仅是操作部门的员工，都会受益于那些明确的、完善的和传达充分的绩效标准，这些绩效标准也清晰的界定了员工在正常情况和紧急情况下的相应职责。制定有效的绩效标准需要与受该标准影响的各层级管理人员和员工密切合作和协商。这要求企业中各层次人员发挥很多努力，以识别哪些工作任务是(或应该是)基础知识或基础工作技能，以及哪些工作任务受控于特定程序或指南。该过程在概念上类似于实施 ISO 9000 程序。(ISO 9000 是国际标准化组织保持的质量管理系列标准)。实际上，许多用以交付高品质产品和服务的程序，可直接(或稍作修改后)应用于安全的提供相同的产品和服务。

除了为关键任务制定绩效标准外，计划必须说明如何执行标准。谁负责界定绩效是否可接受？谁负责界定员工如何被追究责任？许多管理层，或许不知不觉就会相信"坏人才会犯错误"，但事实却是最好的员工也可能犯严重错误。尊重和自信在成功建立、实施和保持绩效标准方面发挥了重要作用，但问责制是所有企业保持长期成功的一个良好的必要条件。企业各层次人员都想知道他们是否表现良好，他们也希望管理层不会容忍那些使其人身安全面临风险的行为。通过合作，监管人员和员工可保证制定出公平公正的绩效标准。最终结果是：提高了生产力、更加健康的工作环境、更少的管理问题。

7.2.1.1 绩效标准的特征

绩效标准的目标是利用规定的方法成功完成任务。标准应与工人的重要职责密切联系。最有效的绩效标准是：

- 可衡量的和可观察的，借此员工和监管人员能够分辨一项任务是否成功完成。应明确收集绩效数据和测量绩效的具体方法。
- 可达到的，任何有资格的、有能力的和接受全面培训的，且有权力和资源的人，均可借此达到预期结果。员工工作职责范围内的绩效要求应完全在员工的控制下实现预期结果(数量、质量、时间、成本、效果等)。

应对标准的每项要求进行评估，以明确每项要求的目的，明确当绩效达到预期时出现的结果或效果。描述绩效标准的部分条目如下所示：

- 质量：说明任务必须完成的程度；准确性、精确性、外观或效果。
- 数量：说明有多少工作必须完成。
- 时限性/效率：具体说明要达到预期目标的时间限制。预期时效性的标准可简称为"按时完成任务(项目、简报、分析等)"。如果工作任务流程是有规律的而且是可预测的，则预期绩效标准可以更加具体；例如："接到任务后在规定时间(分钟、小时、周等)内完成任务"或者"在上班期间，平均完成十次任务。"
- 效果：说明应实现的最终目标；通过使用"为了"、"按照"或"以便"等措辞来展开有效性说明。
- 有效利用资源：从使用资源(降低成本、节省费用、减少浪费、提高百分比等)角度对如何评估绩效进行说明。
- 执行任务的方法：区分两种情况之间的差异，一种情况是执行任务时，必须采用正式批准的程序、政策、规则、规定或指南；另一种情况是需要考虑技能。
- 合作：为达到预期绩效，员工必须作为某个团队的一员来开展工作。

除了清楚表述要求，良好的书面绩效标准应有以下特征：

- 操作行为绩效标准强调行为和过程，而非结果。当管理层和监管人员强调短期结果时，这种做法反而鼓励了那些可能对企业长期成功有害的行为。管理层和监管人员中一个常见的错误想法就是行为和过程等同于结果。因此，一位遵守规定程序的员工可能看起来在生产效率方面不如走捷径的员工。监管人员可能错误地相信"高效率"的员工对工作更专注、对企业更忠诚，因此值得给予高于平均水平的绩效得分。然而，从操作行为角度看，恰恰相反的情况可能绩效水平更高，原因是工人可能通过利用未批准的程序和不可接受的风险来获得那些短期结果。如果有更好的办法来安全的执行某项工作任务，则应通过一个受控的变更管理过程来修订相应的程序。与程序(或变更)有关的培训应说明某些步骤非常关键的原因，以确保工人们理解按照规定方法执行任务的重要性。

- 操作行为绩效标准有助于进行有意义的衡量。衡量有助于企业开展标杆管理、标准化管理，将企业的最佳做法与其他企业的最佳做法，或企业内部的不同部门之间的最佳做法进行比较。在 PDCA 循环过程中，绩效标准提供了统一的对比依据。绩效标准给出了改进提升后企业应获得的结果，如：员工培训、管理开发和质量计划。在业绩评价过程中，绩效标准还有助于保证员工得到公平和公正的待遇。最好的标准应包括领先性指标和滞后性指标，详见第 7.4.1 节。例如，未能及时完成规定的检修任务(领先性指标)应该是一次非计划停车(滞后性指标)的预警迹象，而这种非计划停车可能会在数月或数年后才会发生。

- 操作行为绩效标准确保个人活动和过程与企业目标保持一致。绩效标准应明确企业目标、达到这些目标所需的每项要求的结果、与目标相关的有效性或效率的测量以及实现这些目标的方法。对测量环节进行检查以确保个人活动和目标与企业总目标保持一致。基于此员工个人方能了解他们的行动如何贡献于企业的全面成功。

- 操作行为绩效标准支持沟通交流。绩效标准不仅支持持续不断的沟通，也支持关于企业目标和宗旨方面的对话和反馈。监管人员和员工之间的沟通应在客观绩效标准范围内进行，而不是情绪宣泄和意见。

7.2.1.2   制定绩效标准

制定绩效标准是一个简单的问答过程，即：提问和回答为什么要执行某项特定任务。应为过程安全职责的关键领域建立相关标准，并将其写入员工岗位说明，尤其是工程师和管理层这些类别的人员，因为他们的工作任务无法在某个具体的程序中讲述清楚。如果一线员工积极参与这些标准的制定过程，他们会更愿意为达到这些标准而支持操作纪律。合作可增强团队观念，赋予员工相应权利并促进信任，这对建立和维护积极向上的员工关系至关重要。

尽管无需为每项工作任务制定标准，

> **绩效衡量示例**
>
> 经理——为下属提供发展机会
>
> 工程师——按时解决设计审查问题
>
> 操作人员——完成分配的任务
>
> 检修人员——按时完成各项检查
>
> 采购——维持需要的库存

但应重点为那些对过程安全而言具有重要意义的工作任务制定标准。标准应明确操作目标和实现这些目标的方法，而且应清楚地界定员工职责。绩效标准应建立合适的衡量基准，并据此衡量员工在执行其工作任务期间的操作纪律水平。在制定绩效标准时应采用以下步骤：

（1）识别员工应承担的关键性安全工作职责。

a. 审查岗位描述，验证它是否能体现岗位的当前职责。

b. 识别员工耗时最多的特定职责。

c. 识别完成每个工作职责所需的基本活动。

（2）识别可衡量的和客观的绩效标准。

a. 识别三至五个主要工作职责的绩效指标。

b. 将这些绩效指标写成具体的、可观察的和可衡量的标准。

c. 评估绩效指标与预期结果之间的关联度。

d. 定义绝对最低的可接受的绩效水平。

（3）识别员工操作纪律监控方法。

a. 评估员工的最终工作结果。

b. 检查和观察员工执行每项工作职责的方式方法。

c. 审查状态/进度报告、客户/顾客提出的反馈意见、其他记录和文件。

作为企业管理人员的一线代表，主管应负责制定、实施、传达和维护操作行为绩效标准。在制定绩效标准的准备阶段，主管应首先确定工人正在遵守的操作方法(标准操作程序)是否合适。这包括以下任务：

• 确认工作场所或工作空间布置合理，而且有利于实施工作任务。材料、工具、设备和控制设施布局合理，能实现生产率最大化。解决现有设施中存在的所有的物理屏障问题可能需要花费数年的时间，然而，在工作空间布置中的微小改进通常能够在不产生重大费用的情况下解决大多数重要问题。尽管如此，效率低下的物理布置不应作为走捷径或其他破坏操作纪律的借口。

• 确认所有设备设定正确而且设备运行满足相关规范、公差和安全参数要求。应进行一次全面检查，确保正确检验和投用安全设备(如硫化氢探测器、爆炸下限探测器、灭火器)以及保证员工熟悉其使用方法。

• 要求员工说明设备使用和执行正常和应急工作任务(如启动泵、断开法兰、采样、收集泄漏产品、疏散)的最安全和最合适的方法。

• 观察充足数量的执行工作任务的人员，确保操作过程是一致的，以产生预期的结果。

在操作行为/操作纪律系统中，绩效标准通常包含以下主题：

- **程序**。谁负责识别需要哪些程序？谁负责制定、确认和维护程序？是否有程序编制标准，而且必须按该项标准要求编制（或转换）所有程序？是否有整理用户反馈并将其编入程序的机制？所有程序是否得到公平对待，或者有些程序比其他程序更加重要？例如，任何归类为"重要"的程序，必须包括一个检查清单，在每次执行任务时进行签发，并依此逐步进行检查。工作现场可能还需要某些程序来辅助执行工作任务，但不需要逐步进行检查。还有一些程序可能只是作为工人准备或执行工作任务的参考，工人对此有自由裁量权。

> 在一次简单的清洗作业中，一位操作工使用了三种不同的程序。部分操作说明有冲突，而且其他操作说明之间也存在偏差。结果发生闪火，造成该操作工轻度烧伤。如果操作工事先审查清洗程序，则不足部分可能得到纠正。然而，清洗程序不能保证与其"生产"程序一样每年都进行审查。

- **培训**。谁负责决定培训内容、开发培训内容和提供所需培训？是否需要进修培训，如果是，培训间隔多长时间？是否有培训课程编制标准而且必须按该项标准要求编制（或转换）所有课程？是否有培训师（如：讲师、岗位培训师、教练）上岗标准，而且所有培训师必须符合该标准要求（如：技术知识、授课技巧、执教能力）？如何衡量学习成绩（如：书面考试、现场演示或学徒制），而且成功完成培训需要取得什么水平的成绩？

- **人员配备**。每个运行阶段（如：开车、正常运行、停车、检修）的最低人员配备要求是什么，而且如果达不到最低人员配备要求时必须做什么（或者不能做什么）？人员配备不足到什么程度，能通过加班弥补？在什么条件下可"借调"其他装置人员来完成任务？

- **所有权**。在任何给定时间内，哪些工作团队"拥有"设备？所有权如何从一个工作团队转移到另一个工作团队？例如，交接班需要多长时间，而且什么信息必须以书面形式进行交流？在什么情况下需要在工作场所现场巡检？检修或工程部在什么情况下行使所有权而且如何将所有权交回运行部？谁负责解决纠纷、解决问题？

- **验证**。在正常使用或运行期间，对工人验证设备状态的预期是什么？风险是一个考虑因素吗？例如，吊车操作工在每次上班后验证其设备状态，还是必须在每次吊装作业开始之前验证其设备状态？如果设备所有权发生变更，如：在设备安装或整改完成后从工程部过渡到运行部，是否需要专项验收？

- **沟通**。在工作团队和换班团队内部和二者之间的书面和口头交流预期是什么？仅采用口头交流是否可以接受，或者口头交流必须附有书面签字确认？交

153

流要求确认和/或认可吗, 如: 重复口头指令? 如果一位工人仅打开了电子邮件, 这样做是否足以证明信息已收到而且已理解? 谁负责张贴和维护标签和标识?

7.2.2　强调管理层领导力和承诺

成功实施取决于综合因素, 但持久不变的管理层领导力和承诺是其中最重要的因素。因此, 除绩效标准外, 计划必须包括一个让所有管理层人员参与的策略。企业在实施操作行为/操作纪律体系的过程中, 高层经理必须以身作则, 同样, 下层经理(直到一线主管)也必须根据预期行为以身作则, 确保所有员工都能感受到他们的影响力。(杜邦术语"有感领导"[参考文献7.2])。根据下文7.4.4.1节所述, 推动开放式交流的最好方法就是显而易见的领导力——工厂管理层与一线工人之间互动。每级管理人员应加强企业对操作行为体系的大力支持, 并将其作为提升安全和质量的手段。

操作行为必须成为企业文化的一部分。换言之, 操作行为必须成为企业仪式、传统和活动中的一个基本元素。领导层必须了解操作行为的商业案例, 并能清晰讲述出一个令人信服的案例, 使每个人都理解和共享目标。各级管理人员应在传达操作纪律体系的目标、政策和标准方面有明确的角色。

主动沟通是成功的基石, 而且从定义来看, 它是一个说和听的双向过程。通过主动沟通, 管理人员可建立和维护一套共同的价值观, 如: 安全作为核心价值, 应与经济绩效同等重要。通过主动沟通, 工人们可共享其关于操作行为体系的问题和改进思路。这种持续不断的对话表明了管理层对操作行为/操作纪律的持续承诺, 有助于弥补工人对操作行为/操作纪律的认识差距, 管理层将持续不断的对话作为实现安全和高效工作场所的一种方式。主动沟通也加强了系统范围内的战略举措和总体战略的一致性; 也就是说, 将安全贯彻到企业运营的每个方面。

> 19世纪70年代, 西奥多·比尔罗特医生是首先引入外科消毒做法的医生之一。通过他的领导力, 医院的组织机构/基础设施实现了一体化管理。比尔罗特医生全面推广了他自己的做法, 比起当时比他更有名但是仅仅个人采取消毒做法的医生, 比尔罗特医生在降低死亡率方面产生了更加深远和实质性的影响。

主动沟通还使得工人们能够参与汇报操作行为/操作纪律活动, 从而与他人分享成功喜悦, 同时也解决了各种不足。通过关键指标仪表盘, 在企业每个层面报告目标进展情况。这将推动问责制并强化激励机制, 确保实现近期目标和远期目标。管理支持包括对绩效较高的人员和有效实施操作行为体系的人员进行奖励(经济和其他)。

计划还应包括工人积极参与和管理人员的领导力。管理人员可鼓励工人参加操作行为工作组，协助制定在整个企业实施的操作行为/操作纪律策略和政策。管理人员可通过以下方法支持委员会，包括：提供人员和资源、参加合作会议和完成行动计划，如：按照工人建议重新设计工作流程。因此，操作绩效是通过操作体系实施，而不是通过管理层强制推行。目标是在操作行为/操作纪律体系内授予工人可操作的权力。

管理人员的另一个关键作用，如第 3 章所描述，是为工人安排他们最擅长的任务。因此，必须制定人员管理计划，将支持操作行为/操作纪律原则的经理和一线工人安排在合适的领导岗位和权威岗位。这样，他们可以帮助建立和引导一种员工个人对安全和操作纪律负责的文化氛围，正如西奥多·比尔罗特医生影响他人改善医疗的做法。另外，计划必须说明如何吸引和留住具有类似心态的人员，这应包括清晰的奖励机制和正面强化教育，不一定需要大量资源。事实上，还有很多无形的奖励方式可以用来奖励守纪行为——个人成就感、团队精神、尊重等。

7.2.3　强调长期可持续性和一致性

操作行为/操作纪律体系是一个规划，而不是一个项目。一个项目是一系列事件，有开始和结束，用于交付一个独一无二的产品、服务或结果。项目的目标等同于项目所要实现的目的。规划是指以协调方式管理一组相关项目，以获得分别单独管理各个项目而无法获得的更好的效益和控制。规划是指为实现战略经营目标而持续不断发起的举措和项目集合。

将与制定和实施操作行为/操作纪律体系相关的活动作为一个项目来组织管理，但同时重点应放在维持长期的可持续性和一致性。企业将受益于企业文化和行为的长期改善。操作行为/操作纪律体系的范围相对灵活，而且可能随着企业不断变化的需要而不断变化，并不断朝着目标前进。在任何时间段内，各利益相关方可能会对首选前进道路这个议题发生分歧。失败风险是真实存在的，而且可能对企业产生巨大潜在影响。因此，必须明确问题所在，各项目标必须符合SMART 要求，对直接范围进行狭隘而严格的界定。然而，企业现状是动态变化的，因此规划的目标管理应适应不断变化的企业环境。

有助于促进安全的行为必须在企业生产活动中贯彻执行，包括简化、标准化过程和取消非增值活动。重点内容是降低风险；最终目标是在尽可能减少影响生产的同时，消除工作场所伤害和职业病。应选择合适的指标，以清楚地显示出盛衰周期。例如，如果通过疯狂的周末加班大扫除实现清洁作业目标，则表明"保持良好卫生"的操作行为目标没有扎根在工作过程——即便是清洁作业检查结果显示特别良好。

为了获得长期成功，计划的重点应是制定有效的内部流程并深入贯彻到企业的日常生产活动中。当事件发生时，应通过根原因分析提供管理体系提升方面的反馈信息。

7.2.4　设定里程碑并努力实现

　　第一次实施操作行为/操作纪律体系时，有一个无法抗拒的诱惑是尽可能多做、快做。改进机会比比皆是，而且经理们也想抓住每一个机会。不幸的是，这种毫无章法的工作策略所带来的混乱通常会导致失败。

　　一个更有效的方法是模仿狮子猎取食物。它忽略大多数牲畜而是集中精力关注最有可能成为猎物的几个主要目标。它每天都有相同的核心目标(去吃)，但是考虑到当天环境，它的直接焦点是最有机会的目标。尽管与狮子一样，实施团队也需要尽早取得成功；但，实施团队必须从长期战略开始，并将工作重点放在打下坚实的基础上。

> 2004 年 12 月 14 日，唐·波维克医生，美国医疗保健改进学会的首席执行官，专门挑战医学界，超越那些提高患者安全的模糊目标。他宣布开展一项在未来 18 个月内拯救 10 万人生命的活动。工作结构和重点是仿效政治运动。从概念上看，将来源于一线工人的理念"做正确的事"作为这场运动理念，颇具吸引力，并且非常成功(参考文献 7.3)。

　　操作行为/操作纪律体系实施团队，应根据企业现状，集中精力关注合理可行的里程碑。里程碑应具有挑战性，而且实施进程应具有可衡量性和可审查性。然而，里程碑应只作为提高绩效的激励手段，而不能作为终点。里程碑的到达应进一步推动企业朝实现其核心目标的方向前进，且为每个员工带来成就感。付出很少或几乎不付出努力就能实现的里程碑，或者不能提供重要意义的里程碑都是无用的。在庆祝每次成功的同时，管理人员可将企业的部分注意力转移到下一个里程碑上，作为进一步改进操作行为/操作纪律体系的新目标。通过设定和实现许多渐进性目标，实现操作行为/操作纪律体系的持续改进。

　　计划中应包括推广策略，以加强员工的操作行为/操作纪律意识，并尽可能推动所有权与一线工人紧密联系。推广策略可能包括以下方面：

- 使命宣言、口号和标志；
- 出版材料(图书资料、统计资料和简报)；
- 媒体(海报、展览、视听教具、电子邮件、互联网)。

　　培训和意识活动应包括：简短讨论；小组会议；操作行为原则培训(包括遵守规则和规定)；参加危害识别分析、风险评估和事故调查；以及工作安全分析。这些活动旨在减轻员工忧虑，明确各项预期和解决众所周知的问题，"这件事对我来说意味着什么？"推广策略还应包括特殊运动，如：清洁作业周或人机界面审

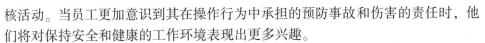

核活动。当员工更加意识到其在操作行为中承担的预防事故和伤害的责任时，他们将对保持安全和健康的工作环境表现出更多兴趣。

难点是设计、实施和宣传一些工具，以帮助企业监督员工对操作行为/操作纪律的承诺、修订业务流程、实现转型和达到企业绩效目标里的下一个里程碑。

7.3 实施计划

计划—执行—检查—改进（PDCA）循环的第二个步骤是最难实施的步骤，原因是它真正测试管理人员是否有为信念战斗到底的勇气。讨论时机已成往事，管理人员必须脚踏实地、奋力向前，完成为实现企业目标所必需的工作任务。内在变革需要有一种信念的飞跃，若要实现长期目标，增加短期成本和风险是值得的。变革通常造成短期绩效下降，但提高了长期绩效水平。因此，变革需要强有力的管理层领导力，以说服他人变革的必要性和好处，即使面对短期效益下降，管理层的信念也不能动摇。管理人员必须有效传达新绩效的预期目标，提供必要的资源，管控为满足新的绩效标准所必须的工艺流程变更、岗位职能变更、工作任务变更和活动变更。管理人员还应在不影响核心价值的情况下，修改完善实施计划以适应现场具体情况。

一旦制定了新的绩效标准，管理人员必须严格执行。如果企业内部缺乏沟通，通常会在新绩效标准过渡期间出现一些问题。当员工对绩效标准产生困惑和提出相关问题时，主管必须能够快速解答这些问题。因此，主管必须参与标准制定过程而且必须相信其价值，以提供有说服力的回答。通过快速准确地解决问题，主管赢得员工的信任和尊重，而且将问题消灭在萌芽状态。

7.3.1 从益处开始——"这件事对工人而言意味着什么?"

在贯彻实施操作行为/操作纪律体系的过程中，管理人员应强调实现更安全工作环境的目标是每个员工的责任。对于积极向上的操作行为/操作纪律文化，员工参与、所有权和承诺是必要的；授权会提高员工自我价值感、归属感和价值观。操作行为/操作纪律最明显的长期益处是它能够使每个人在工作期间不受伤害，因此员工才能够继续为个人和企业创造价值。管理人员必须在企业中全面灌输这种信念：职业伤害和疾病是可以避免的，通过贯彻实施操作行为/操作纪律体系可以消除职业伤害和疾病。

但是，员工的行为更容易受到近期利益的强烈影响。员工在改进提升过程中将看到很多直接受益：工作环境更加舒适（如：清洁作业）、工作更容易（如：清晰的程序、更少的返工）。另外，大多数企业都制定了在实现经济目标后为工人提供经济奖励的程序。然而，如果奖励仅与经营绩效挂钩，则有些员工可能为争取这些奖励而投机取巧、不遵守安全规则、不穿戴个体防护装备，最终导致不能安全的工作。因此，任何经济激励政策(晋升、加薪和/或奖金)的成功实施，必须将操作行为/操作纪律绩效提升和经济绩效提升有机结合。

> 约瑟夫·斯佳伦是20世纪30年代的工党领导人，而且他的"利润共享"理念通常被用作推动企业变革的方法。利润共享比简单的奖金体系复杂地多，因为它包括一个系统化的工人参与体系，而且要求工人和管理人员更好地合作。它在一个计算公式中综合了几个关键绩效指标(经济、操作行为/操作纪律、安全、环境、质量等)，并通过该公式计算由工人、经理和业主共享的货币奖金池大小。

7.3.2　沟通绩效标准

绩效标准阐述了绩效合格所必须具备的条件或质量等级。有效绩效的关键是沟通预期目标，方法之一是通过绩效标准来实现。当员工清楚地知道和理解企业对他们的期望目标，他们会有更好的表现。

在沟通绩效标准的过程中，管理人员应特别强调每个员工在完成任务中的职责和责任。绩效标准沟通应列入员工培训规划中，而且主管应在每天监督和指导工作活动的过程中开展绩效标准沟通。操作行为/操作纪律的本质是，每次执行任务时以正确完成工作为第一要务，以实现企业目标。

在定期的培训辅导课程中，管理人员应将绩效标准作为与员工开展讨论的基础。无论是在日常的工作意见反馈中，还是在年度绩效考核过程中，绩效标准可以减少歧义，并提供了更加客观的结果。当经理或主管描述合格绩效和不合格绩效之间的差距时，应参考绩效标准。

当沟通新的绩效标准时，管理人员应做好解决员工抵触变革的思想准备，但不应假定员工反对绩效提升。或许过去的倡议仅仅缺少一个让员工去做某些事情的明确清晰的、有意义的机会。操作行为为员工提供了实现企业目标的具体方式，而且在热切的希望为企业绩效提升做出贡献的员工身上，管理人员可能欣喜地发现员工力量的源泉。

7.3.3　实施和执行绩效标准

一旦绩效标准制定完成，高层管理人员必须为每个人(一线工人、主管和经理)提供良好的操作行为/操作纪律体系培训。工人们应清楚地理解自己的权力、责任和与其他工作组的界面要求。工人们必须收到其个人职责的告知，以清楚的理解其岗位要求和个人能力要求，确保自己每次正确和安全地执行任务，而且在必要时主动参加补充培训或进修培训。管理人员必须积极实施和执行绩效标准。管理人员必须提供必要的资源，密切监测绩效，并寻求机会强化企业所需的行为。

当个人行为与正面结果密切相关时，则这种行为会得到强化。越早和越确定性的收到正面结果，则这种行为会得到更强烈的强化。因此，无论何时发生新的、所期望的行为，应立即强化这种行为。这种强化可以是主管简单地赞美员工或真诚地说一声"感谢"，久而久之，大多数工人会将强化所期望的行为作为圆满完成一项工作的个人满足感而内化。随着越来越多的工人表现出所期望的行为，累计效应会给企业带来积极的影响。当达到规定的界定值时，管理人员应将此作为机会进一步奖励工人取得的进步，并祝贺超过预期目标的"个人英雄"。日常的正面强化比偶尔奖励对行为会产生更大影响。

管理人员还应预料到实施操作行为/操作纪律体系的困难和挑战，部分是由于人们对变革会产生本能的抵触心理，另外是由于这是对管理人员对新体系承诺的一种简单的检验。工厂设计也会影响工人对实施和维护操作行为/操作纪律的意愿。操作纪律的中心思想是每个层级的工人对其绩效负责。监督辅导、绩效评估和正面强化等综合措施，能解决大多数初期实施过程中遇到的问题，但可能需要提供一些补充性培训。

面对更严重的抵抗，可能需要采取渐进式惩戒措施，因此必须与人力资源部门联合制定一项处理这种问题的计划。主管应警惕具有某些个性的人员易与实施操作行为/操作纪律相冲突，如：

- "凌驾于规则之上"的心态；
- 喜欢冒险行为；
- 具有忽视规则或违反规范/法律/规定的意愿；
- 不合作行为；
- 喜欢尝试超出个人能力的任务；
- 想当英雄的心态。

应对经常违反操作规程的人员给予适当劝告、重新培训和纪律处分。

在任何时候，管理层都在准确地接近企业设定的绩效目标。若要改变现状，管理人员必须愿意改变自身、设施和程序，最终改变工人，从而实施并达到新的绩效水平。

7.3.4　采用切合实际情况的做法

正如第 3.3.8 节所述，期望任何形式的常规计划能够解决复杂而且特殊的多国家、多元文化和/或多地区员工问题，是一种异想天开的想法。工人可能同意操作行为/操作纪律体系设定的目标，但在如何制定最佳程序、解决冲突的最佳方法和完成工作的重点方面，他们可能会持有不同的看法。

因此，实施计划不能采用一刀切的方法。实施指南必须灵活多变，以便适应于各种情况，大到一座大型生产设施，小到一座小规模试验厂。设施可以使用企业指南中未规定的方式或方法，但设施里的每个环节都应符合企业指南的设计意图。

现场管理人员必须确定现场哪个单元设施符合操作行为/操作纪律体系。最简单的方法是用企业计划作基准，而且直接跳至 PDCA 周期中的检查步骤。管理人员可利用第 7.4 节中提到的评估工具，与基准实施计划做比较，确定现场设施哪个单元比它好、比它坏或只是稍有不同。管理人员不应只是将设施书面绩效标准与基准实施计划作比较；差距分析应以真实数据为依据，从而明确在某具体设施实施操作行为/操作纪律的基点。在实际实施现有标准的过程中，可能有着实质性的和惊人的差异。在 PDCA 周期的开始阶段，也可适当调整计划。

> 如果各项绩效指标不是同等重要，则绩效仪表盘也可能产生一些问题。管理人员可能一门心思想先纠正"红色"范围内的次要指标，而导致没有解决"黄色"范围内的更为重要的问题。

7.4 监测进展

实施操作行为/操作纪律体系的目的是推动企业朝着其目标迈进。PDCA 循环中的检查要素提供了客观的衡量方法，通过这种方法可监测和判断计划的进展情况。因此，重要的是要在计划中识别这些衡量方法并采集支持数据。检查、审核、管理评审、调查和自我评估是采集数据的所有手段，详见图 7.2 所示。有些指标，如迟检/漏检次数，可直接收集，其他数据可从其他管理系统中采集，如事故调查和审核。

一个强大的专注于质量和安全的信息系统对检查而言是必不可少的。支持该

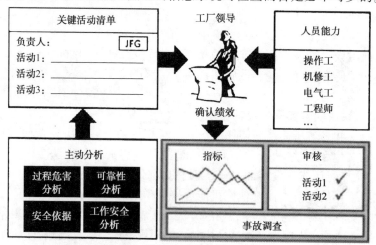

图 7.2 监控关键安全任务的绩效

信息系统的系统包括数字过程档案、活动跟踪板、检查清单、过程操作和安全指标仪表盘、计算机维护和检验记录、以及关键安全和质量指标的定期报告的数据挖掘。为了保证检查结果的准确性，应确保这些过程的数据的准确性和及时性。

管理人员可通过提高上报的体系绩效指标的透明度来推进操作行为/操作纪律体系。例如，一个公司可能在实现质量目标方面具有良好的操作行为/操作纪律绩效，但在实现安全目标方面的操作行为/操作纪律绩效较差。每个人都应该能够看到企业的成长和成功，同时也要看到企业需更多关注和改进的方面。分享该信息对企业变革来讲非常重要，而且有助于工人深入理解操作行为/操作纪律如何影响企业运营的每个方面。若要达到该目的，可利用平衡记分卡方法来实现企业策略和日常作业活动之间的一致性，以及策略和绩效在整个企业中沟通传达的顺畅性。该平衡记分卡确保企业对行为和结果"平衡"关注，且它可能由多层次的级联积分卡组成，最终确保各设施和业务部门的结果与整个企业的关键顶层战略目标和绩效衡量相辅相成。

平衡记分卡系统的好处包括：（1）向所有企业层级传达公司战略，（2）为战略目标、指标和问题提供显而易见的对准和深入理解，（3）保证资源的合理使用和(4)推动问责和结果。记分卡作为一种沟通交流的工具，可以通过统一术语的方式增加其价值。

7.4.1 指标的使用

根据第3.3.4节所述，测量指标是指绩效和效率指标，通过这些指标确保工人和经理可监控操作行为/操作纪律体系的近实时有效性，并识别出需要改进的地方。

理想情况下，所选择的指标能可靠地预警即将发生的后果，而且可实现操作单元之间或工厂之间的公平比较；然而，这种可靠的预测指标在现实中是很少见的。大多数领先指标是对作业活动的衡量，如：已完成检验的次数或参加安全会议的次数，并且这些指标的预测能力是不对称的。例如，现场检验次数减少可能强烈的预警即将发生的失效后果，但是稳定的或增长的检验次数可能与持续的成功之间存在微弱的关联性。指标也可能会对不良行为产生推动作用，如：一位工人为省出时间来开展那些被跟踪的现场检验，而故意忽略了其他同等重要但未被跟踪的职责要求。或

某企业采用基于按时检验率的机械完整性指标。该企业的一座工厂因98%的完成率得到表扬，而另一座工厂因88%的完成率遭到批评。实际上，在将检验结果输入机械完整性数据库之后，"较差"的工厂才会上报检验已完成，而"较好"的工厂则在现场工作结束时就上报检验已完成。在这种差异得到纠正后，分数较高的工厂的实际绩效低于88%。该偏差表明了衡量指标定义不清晰就会导致解释不一致。

者工人可能会故意不报告会对衡量指标产生不利影响的事件。当使用指标时，应向每个人强调他们不会因为报告可能导致指标降级的事件而受到惩罚。

因此，综合利用领先指标和滞后指标是展现完整的操作行为/操作纪律效果图的最好方式(参考文献 7.4、7.5 和 7.6)，而且应定期更换部分指标以提供操作行为/操作纪律体系的工作新视角。在大多数企业中，操作行为/操作纪律指标可基于因其他目的而采集的数据；通常不需要采集新的数据。可以增补现有的数据，必要时，可进行简要的数据采集活动，以据此回答操作行为/操作纪律绩效的特定问题。

下文列出了一些指标示例，并附有在绩效测量中这些指标可能测量的操作行为/操作纪律特征的说明(更广泛的绩效指标包含在随附的在线资料中)。具体指标的选择应遵循标准的 PDCA 方法：(1)决定什么指标有用和如何采集这些指标，(2)在一段时间内采集指标，(3)检查指标是否以合理的成本提供有用的信息，和(4)适当调整指标采集工作。在许多情况下，可从已有指标(如：事件报告)中收集操作行为/操作纪律数据。由于每种情况都是不同的，所以管理人员需要决定如何跟踪和展现数据才能最好地监控操作行为/操作纪律体系在其设施中的当前运行状况。

- 沟通目标进展情况的频率。沟通频率下降可能说明管理人员兴趣下降或者不愿面对坏消息。沟通频率下降还与较低的工人士气相关，因为他们的努力没有取得进展。
- 与不实用的仪表和工具相关的审核发现的数量。数量增加可能表明操作工未关注人机界面，或者管理人员未提供尽快修复缺陷所需的资源。
- 清洁作业审核次数及得分。审核次数减少和审核分数下降可能表明管理人员及工人的兴趣下降。审核次数稳定或增加以及得分稳定或提高通常表明良好的清洁作业已经作为操作规范的一部分固化下来。
- 逾期的纠正措施的百分比。纠正措施源于审核、事故调查、过程危害分析等。趋势向上或意外峰值可能表明管理、工程、检修和操作方面的负责人员操作纪律相对较差。
- 非正常情况或发现的问题的平均解决时间。平均时间增加表明资源不足或过程偏差的容忍度增加。(注：如果风险因素能增加指标的数值，那么此类指标的衡量单位应采用风险-天数。例如，一个高风险问题的权重可能是 9，一个中等风险问题的权重为 4，一个低风险问题的权重为 1。在三天内解决一个高风险问题比在一天内解决一个低风险问题更为重要)。
- 通过未遂事件和事件识别的走捷径的发生率。数字增加表明未能执行最佳做法、过于激进的绩效目标、人员配备不足、或者奖励倾向于结果而非行为。

162

- 在以操作纪律为关键因素时，安全、环境、生产或质量事故的发生次数。次数增加表明操作行为/操作纪律系统存在缺陷，工人对操作纪律的理解不够深入，或者管理人员对操作纪律预期的传达和执行力度不足。

- 不完整的交接班日志、报告或交接次数。次数增加表明缺乏工作纪律或操作工工作负荷过高或干扰过多。

- 生产班生产率超过预期值。趋势向上表明工人走捷径或者未保持充分安全余量。

- 装置正常运行时间或产量系数低于目标值。这种差别可能源于各种操作纪律问题，如：库存管理、调度、设备可靠性或遵守程序。

- 假报警和不间断报警的次数。次数增加表明操作工工作负荷过高或干扰过多，操作范围的定义不够严谨，或者修理故障设备所需资源不足。

- 安全系统的不适用性。数量增加表明过程偏差的容忍度增高或者修理故障设备所需的资源不足。

7.4.2 审核结果的使用

审核是一种系统的、独立的审查过程，目标是确认符合规定的标准要求。它采用一个定义明确的审查过程来确保一致性，以便审核人员得出合理结论。审核应贯穿操作行为/操作纪律体系的编制和实施过程，而且在此之后应定期开展。审核的性质和频率受到以下因素的制约，如：设施当前的生命周期阶段、操作行为/操作纪律体系的成熟度(实施程度)、过去经验(如：以往的安全绩效和审核结果)、适用的设施或企业要求。

> 审核发现的未完成的或逾期的作业活动表明操作纪律涣散：
> - 逾期的检验；
> - 逾期的培训；
> - 过时的程序；
> - 过时的图纸；
> - 不完整的作业许可；
> - 向监管机构迟交的报告。

事实上，关于操作行为/操作纪律体系是否按预期运行，任何审核都能提供有用的信息。审核可补充其他控制和监控活动(如：管理评审)。然而，典型的过程安全管理审核无法解决所有的操作行为/操作纪律问题。因此，需要专门针对操作行为/操作纪律主题进行审核，以保证在整个企业中有效和统一的实施操作行为/操作纪律体系，并确认已采集指标数据的完整性(参考文献7.7)。操作行为/操作纪律审核可能包括以下主题：

- 操作行为/操作纪律体系的开发、质量和状态；
- 操作行为/操作纪律培训和预期目标；
- 管理人员通过以身作则展现的可见性和领导力；

- 工人知识、承诺和意识;
- 每个要素(沟通、清洁作业、作业许可等)的操作行为/操作纪律指标。

虽然审核可以按照需求制定审核计划,但也应定期实施审核;审核频率通常为从每年一次到每三年一次。采集数据的渠道如下:审查文件资料和实施记录,直接观察各种运营情况和活动,采访负责实施或者监督操作行为/操作纪律体系的人员,或者采访可能受操作行为/操作纪律体系影响的人员。分析数据并评估数据与各项要求的符合性,而且以书面报告的形式记录分析结论。

审核发现是指审核员根据在审核期间采集和分析的数据得出的结论。审核发现给出基于企业当前要求实施操作行为/操作纪律体系的一个缺陷。审核发现必须在PDCA循环周期的改进阶段得到解决。观察结果是指审核员得出的、但与符合绩效标

> 审核发现示例:书面的交接班日志未按要求保存。
> 观察结果示例:将值班记录汇总在一个标准表格中,以改善交接班班组之间的沟通。

准没有直接关系的结论。观察结果可能是在审核期间识别出来的、应在整个企业内部共享的一个良好的操作行为程序或做法。当审核员相信,而且在满足标准规定要求的同时,观察结果也可作为改进操作行为/操作纪律体系实施的机会。与审核发现一样,观察结果应在PDCA循环周期的改进阶段得到解决。

应绘制审核结果的变化趋势,以确定操作行为/操作纪律绩效是否有所改进,必要时进行适当调整。重复出现的审核发现尤其令人担心,因为这表明纠正措施无效。

7.4.3　事故调查的使用

当发生严重的过程安全事故时,通常事故会涉及几个根原因,其中可能涉及降级的操作行为/操作纪律体系。因此,事故调查得到的数据可为发现操作行为/操作纪律体系存在的具体的弱点提供独特的视角。另外,还应跟踪分析事故调查数据,以识别重复发生的问题,或确认已发生问题得到了解决。

由于操作纪律包括职责要素,所以某些管理人员在事故调查过程中错误地将责任归咎于事故中相关的个人。这种方法始终是一种错误的做法,因为这只能简单地推动员工上报小事故和未遂事故,导致企业无法吸取经验教训。操作纪律适用于事故发生前的日常作业活动。在事故发生后,学习管理体系如何失效的经验教训所获取的价值远远超过惩罚个人所获取的价值。仅仅劝告一位员工"多加注意"不能解决操作纪律问题。更好的方法是制定有效的措施,而且将这些措施要求分配给负责纠正与系统相关的潜在的事故原因的人员。严重事故可能识别出在PDCA循环四个步骤中存在的需要立即改进的重点方面。

事故调查是一种方法，旨在从设施整个生命周期内发生的事故里吸取经验教训，并向其内部人员和其他利益相关方沟通事故的经验教训。基于分析深度，这种反馈可能适用于正在调查的特定事故或者一座或多座设施中具有类似根原因的一组事故。领导层必须奠定基调，学习如何倾听，并且与一线工人和企业高层管理人员一起持续的探讨操作行为/操作纪律相关问题和关注点。

事故调查的目的是减少过程安全事故发生的次数和严重性，而且最好是在一种开放式沟通的氛围中完成。从企业角度看，

> 全面的事故调查通常发现企业在操作行为和操作纪律两个方面均存在不足。例如：
> - 操作工不遵守程序（操作纪律），而且该程序已经过时（操作行为）。
> - 厚度检验还未实施（操作纪律），而部门人手不足（操作行为）。
> - 图纸未审核（操作纪律），而程序未说明供货商作出的变更（操作行为）。

领导层必须建立跨专业的审查流程，当发生错误时，确保所有相关人员-所有一线人员-能坐在一起共同探讨经验教训。经理们必须参加并支持一线工人（他们可能因事故而受到伤害），并保证发现的问题得到解决。

在评估事故数据时，经理们应警惕类似"如果没有发生事件，则没有出现人员绩效问题"的结论。人为错误每天发生。没有事件发生，是因为出勤率及防御、屏障、控制措施和安全防护措施的完整性完全可以纠正员工所犯的错误。或者是因为企业可能有"不报告"的文化。因此，只是因为设施没有发生严重事故而相信员工绩效满足要求的想法是错误的。由于事故还未严重到需要事故调查的程度，所以管理人员必须根据衡量指标，如上文所述，衡量操作行为/操作纪律体系的健康状况。

7.4.4　其他工具的使用

7.4.4.1　与设施人员的日常互动——管理人员通过四处走动巡视

监控操作行为/操作纪律体系的最好方法之一是，管理人员定期在设施附近四处走动巡视。如果生产数据是好的，而且没有严重事故报告，很容易相信任何事情都处于良好状态。经理们应主动寻找问题，调查员工，询问人们"你关注哪些问题？"主管应鼓励报告"坏消息"和成功消息。大多数工人希望把工作做好而且渴望分享他们关注的问题，尤其是当管理人员愿意帮助他们克服成功道路上的障碍。

管理人员必须为沟通对话提供机会，包括绩效反馈，不管反馈是好是坏。许多操作行为/操作纪律问题，如清洁作业、引导标识差、照明不足和缺乏沟通，非常直观，并可与该区的工人开展讨论。在讨论工人正在做什么、工人为什么这

么做以及管控作业活动的程序和许可时，其他方面的问题将会明显浮现出来。尤其是，管理者应警惕预期绩效方面的偏差，原因如下：(1)这是工人平时的做事方式而且没有出过问题，(2)这是别人的做事方式，(3)这是展示出的做事方式，或者(4)这是别人的责任。管理人员有机会阐述操作行为/操作纪律的意图和预期，这有助于提高一线工人的绩效。但是，管理人员必须避免为工人留下以下印象，即管理者在"监视他们"，试图抓住他们的错误。优秀的做法是管理人员花时间检查工作场所，关心工人关注的问题，而且采取行动改善工作现状，这才会强化操作行为/操作纪律的重要性，并有助于保证良好绩效的持续性。

7.4.4.2 管理评审

为保证操作行为/操作纪律体系的正确实施和运行，有许多具体问题/探讨主题需要管理人员定期检查。如果企业绩效不尽人意或者管理体系改革也未使其有所改善，则管理人员应识别、制定并实施合理的整改措施。企业有可能未开展正确的活动或者企业在开展活动时表现不佳。即使结果令人满意，请问是否存在资源浪费，或者这些任务是否能得到或者根本没有得到更加有效的执行？为帮助回答这些问题，管理人员可将以上章节列出的绩效指标与个人观察、直接提问、审核结果和问题反馈相结合，如下所示：

- 与工人讨论其工作角色，以确认他们理解其责任和权力范围。
- 与工人讨论可能出现的异常和事件(如：通过桌面演练)，以确认他们理解被通知的责任。
- 与操作工讨论绩效目标和当前车间绩效，以确认他们理解这些内容。
- 确认现行做法符合政策和预期要求，例如：
  - 无线电通讯禁止闲聊和非标准通讯语言。
  - 交接班日志应同时被两方保存，并有组织地转交交接班日志。
  - 篡改指示装置密封圈、排净丝堵和舱口盖板应安装到位。
  - 例行检查爆破片和安全阀之间的压力。
  - 工作区禁止设置干扰或未经授权的娱乐设备。
- 审查个人和部门的加班小时数，以确定是否有足够的人力资源来执行必要的工作任务。
- 讨论工作条件以确认是否正在通过走捷径按时完成任务。
- 确定规定的重复检查是得到真正的执行，还是仅仅简单的签字，却未开展重复检查。
- 检查维护工作单以确定紧急工作的比例。
- 审查装置日志以确认工作组与负责某项活动的操作工就该作业活动进行了协调。

166

- 审查授权的非常规活动过程以查找满意证据。
- 监控参观人员的数量和使得操作工不能集中精力工作的管理责任。
- 识别假报警和不间断报警的次数。
- 调查维修工作是否为实现生产目标而延期。
- 巡视工作区以评估清洁作业情况和安全装置运行状况(如:卡车货运站的楔形木块、重要阀门上的锁具、灭火器已充满且可用)。
- 调查不同班组、团队、单元或部门的绩效出现明显差异的原因。
- 明确主管去现场指导观察工作的频率。
- 除正式培训要求外,确定是否有员工持续观察同事作业和指导同事作业。
- 确认组织机构图为最新的,而且清晰的界定了职责和权利范围。

不论提出什么问题,管理评审应尽可能深入评估企业的各个层次。操作纪律满足要求吗?操作程序延伸到常规任务以外了吗?当出现问题时,关键人员是否能理解必须遵守一系列的指令才做出谨慎的决策?另外,关键人员是否有足够的专业水平?如果整个企业依靠一个人判断全部真正的艰难的风险,如果这个人突然辞职或生病将会怎么样?管理评审使得企业不仅有机会真实地深入的评估管理现状,而且可在因操作纪律涣散而导致损失事件发生之前及时采取相应措施解决所有问题,亦可防止在不断追求卓越员工绩效方面失去关键动力。管理评审发现的所有弱项,应在 PDCA 循环周期的第四个步骤中得到解决。

7.4.4.3 自评估

自评估是企业用来评价自身操作纪律水平和识别需改进方面的另一个工具。自评估应由代表现场跨部门的人员,根据各自的角色和职能来进行,如:运营、管理、技术、EH&S 资源、操作工、机械师和后勤人员。自评估可由个人或团队来实施。

电子调查工具便于自评估调查的实施。这些工具成本不高而且便于定期在整个企业范围内采集工人意见,自动立刻得出结果。按照工作职能、工作团队、现场、业务单元、资格等分析各种应答,在解释这些数据时,也容易对比这些应答(如:操作工 VS 主管)。调查结果通常为操作行为/操作纪律的改进提供领先性指标。但是,对于意外结果,应在采取纠正措施之前,利用现场问询和/或合理利用其他操作行为/操作纪律指标数据,对意外结果进行验证。

杜邦自评估问卷示例见下文方框中的内容(参考文献 7.8)。整套问卷共有 75 个问题,利用答案对操作纪律的十个特征进行定性评分。每个操作纪律特征单独作为一个部分(如:清洁作业),且需识别其中一个关键-质量要素(如:个人得分和每项清洁作业标准说明)。按照以下等级对每个要素的关键因素进行评分:

(1)目前还未包含此项要求;

167

（2）差距较大或部分内容丢失；

（3）部分实施，获得多个改进机会；

（4）实施，获得少量改进机会；

（5）完全实施，取得良好效果。

个人得分和每项清洁作业标准说明

提供良好清洁卫生的状态的证据并给予认可。加强良好清洁卫生与良好 SHE 结果之间的联系。1 2 3 4 5

考虑：

● 是每个人还是仅有关键的几个人参加其自身所在区域的卫生清洁工作？

● 现场或区域如何界定卫生清洁良好？

● 是否定期开展或每年一次集中开展卫生清洁活动？

● 是否对清洁卫生进行评估而且必要时在事故调查或报告中包括这一项？

● 员工个人在其工作区域卫生清洁所花时间占比是多少？

一旦得出结果，现场可集中改进提升得分较低的要素。通常情况下，还应对改进机会进行分级，据此对现场操作纪律影响最大的系统改进机会具有实施优先权。将自评估结果和建议报告给现场管理人员，以便于现场管理人员在 PDCA 周期的改进阶段进行跟踪验证。自评估结果主要用于帮助各个现场改进局部操作纪律；然而，对于得分较低而且跨越多个现场或地区的要素，应制定相应的公司级改进规划。

7.5 改进计划和持续改进

PDCA 循环的第四个步骤是分析哪些运行良好或哪些运行不佳，并根据当前目标采取纠正措施或对计划进行必要的修改。如果计划满足当前目标要求，为追求持续改进，应将目标推进到下一个里程碑。

7.5.1 现状评估和差距分析

差距分析是指对比企业标准与工人实际表现，并识别二者之间的差距的过程。以下是顺序差距分析过程：

（1）识别相关绩效标准。

（2）经理/主管根据标准对员工表现进行观察（或审查能展现员工表现的记录）。确定实际表现是否低于预期绩效。如果是，则必须纠正该项差距。

（3）确定造成该项差距的知识、技能或能力缺陷。有几种工具和技术可用于：识别造成差距的原因，以及确定为保证员工绩效更加接近企业标准需要制定或改进哪些具体技能和知识。示例如下所示：

a. 培训需求调查——通过实施个人采访或通过书面问卷形式调查员工的需求。

b. 客户反馈——收集非正式的和不请自来的客户投诉。另外也可采用意见卡或正式访问。

c. 管理人员观察——观察员工履行工作职责情况以确定差距。

d. 员工调查——创建调查问卷，提问员工他们是如何看待企业总体上达到标准要求的。随附的在线材料包含康科德联合公司编制的操作行为调查示例。企业文化调查还可深入理解单独调查操作行为/操作纪律所不能发现的那些潜在的问题。

e. 检查——按照政府机构考核企业的方式进行内部检查。

f. 员工会议——举行圆桌会议或员工大会，员工通过这些会议可非正式的讨论员工关注的与其所在区域提升相关的问题、他们做的好的方面以及改进绩效的方法。

g. 审核结果——创建操作审核检查表而且将实际表现与规定标准作比较。

h. 事故调查——评估员工问题是引发事故的根原因的事故的次数。

（4）确定纠正缺陷的最好方法。如果问题是知识或技能问题，则培训、辅导和/或指导可解决问题。如果问题是缺少能力或态度不好，则解决方法可能需要从根本上改变聘用、保留和工作分配政策。

（5）确定纠正措施的优先顺序。优先顺序应考虑实际绩效和预期绩效之间的差距大小，以及纠正该项差距对实现企业绩效目标的重要度。

企业内部文化和变革将决定差距分析的频率。如果一个企业人员流动大，如果一个企业的实际绩效和预期绩效之间的差距需要采取显著的再培训或其他整改措施，或者如果一个企业曾发生重大企业变革，则应缩短差距分析周期。如果一个企业相对稳定，则仅需每年或每半年进行一次差距分析以监控员工绩效。

7.5.2　常见的实施问题

在实施操作行为/操作纪律体系的最初几年内，出现绩效差距是不可避免的，而且对于不同的经营单元、现场和工作团队，绩效差距的大小也可能有所不同。当管理人员将绩效预期推向企业最终目标的下一个里程碑时，始终会存在绩效差距。下文列出了在实施操作行为/操作纪律的过程中经常看到的差距，除非管理人员特别注意，其中有些差距很难发现：

- 绩效标准应在绩效评价开展之前创建并进行应用，且应与当前的绩效相匹配。这将给人造成一种假象——优秀的合规性。绩效标准应在绩效评价开始阶段进行应用，确保当前绩效能公正的体现在此期间发生的变化。

- 主管对员工的微观管理超过了绩效标准的要求。员工应在标准要求的范畴内通过不同的方法得到相同的结果。

- 绩效标准从未更新或修订，因此这些绩效标准容易被超越（已经过时，要求不够严格）或者不合适（不同的要求）。绩效标准应灵活多变而且与工作要求和企业目标与时俱进。绩效标准应定期评估，确保与企业当前目标一致而且应随着工作要求的变化不断更新。

- 由于主管和员工之间意见不一致，导致绩效标准还未实施。如果一线工人同意绩效标准总是最好的，但经理或主管有权决定最终采用哪些标准。工人可能出于来自同事的压力而不愿改变，因此主管必须将其作为一个广义的问题来解决。

- 现行标准不具体或不可测量。因此，在此种情况下评估绩效，判断必然是主观的而且可能模棱两可。在公正的测量绩效差距之前，必须校正衡量差距。

- 现行计划没有明确规定采集哪些指标能保证满足绩效标准。因此，用来测量差距的指标可能无法准确地反映当前绩效。

- 根据企业现状，现行标准不切实际。规定的绩效要求明显超出了员工的能力范畴，对于所有相关人员而言，这是不合理的和令人失望的。在这种情况下，差距是由标准制定者造成的，而不是一线工人造成的。

- 主管不能开展充分的监管。主管必须提供指导、培训机会、领导力、激励和正确的行为榜样。如果事实并非如此，仅靠关注一线工人是无法弥补绩效差距的。

- 各项活动没有做好适当的计划。例如，操作节奏和/或进度使个人面临不可接受的风险（如：缺少休息或缺少员工），绩效也会受到负面影响。在紧急情况下出现此类情况是不可避免的，但在正常运行期间是不可接受的。

- 主管未能纠正在个人、设备、培训或其他安全有关方面的已知缺陷。例如，不能坚持纠正或约束不合适的行为当然会造成不安全的氛围，但是如果此类行为没有违反具体的规则或规定，则在绩效指标方面表现的并不明显。如果主管有偏见或偏袒心理而且仅纠正"问题"工人的行为，则该问题将变得更加复杂。

- 主管在管理资产时故意无视已有规则和规定。例如，允许个人在未经培训或没有资格的条件下操作一辆叉车，这就为发生道路交通事故奠定了基础，但当前绩效可能显示合格。

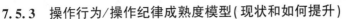

7.5.3 操作行为/操作纪律成熟度模型(现状和如何提升)

除操作行为/操作纪律体系与企业现行标准比较发现的差距外，在企业标准和行业最佳做法之间也存在差距。操作行为/操作纪律成熟度模型，如表 7.2 中的总结的模型，可作为一个独立的比较依据。依据成熟度模型，采用新的操作行为/操作纪律体系的企业，可能将自己评价为 1 级或 2 级，与此同时，希望改进已有的操作行为/操作纪律体系的企业，可能将自己评价为 3 级或 4 级。

为充分获得操作行为/操作纪律体系所能带来的益处，企业应力争实现 5 级。即使企业在当前实施过程中没有差距，成熟度模型也为该企业提供了提升的里程碑。管理人员可将下一个成熟度水平作为其提升目标，并为下一轮 PDCA 循环相应的调整计划。

7.5.4 确定改进机会的优先顺序

如果差距分析结果表明，在实现企业目标的过程中实际进度与预期进度有明显的差距，则管理人员应制定纠正措施计划。具有成熟的操作行为/操作纪律体系的企业，应有相对较少的差距，而且可以直接弥补那些已发现的差距。但是具有相对不太成熟的体系的企业，可能存在太多差距，以至于他们疲于抓住各种改进机会。在这种情况下，管理人员必须制定切合实际的目标，并确定实现这些目标的优先顺序。

大多数成功实施操作行为/操作纪律的策略，都建立在各种成功和失败的经验教训的基础上。因此，管理人员应首先识别那些在操作行为/操作纪律体系内实施成效明显的事情，并在整个企业内进行宣传沟通。从取得的成功案例中，管理人员可摘取一些可在企业中共享的最佳做法，并用于弥补发现的差距。

下一步是将已识别的差距分成主要缺陷和次要缺陷两大类。次要缺陷应直接处理，纠正措施可能仅仅要求指导或再培训某几个人，或者要求某工作组采用已在企业中其他部门取得成功的相同做法。

纠正主要缺陷，或者将企业推进到成熟度的下一个层级，将需要更加精细的规划。当初次引入操作行为/操作纪律体系时，最佳策略是从成功概率较高的小事做起。通过应用质量先驱约瑟夫·朱兰博士的理念来确定各项工作的优先顺序，而且重点实施对结果产生重要影响的"重要少数"变革，然后方可实施消耗大部分能量但收益甚微的"次要多数"变革。(其他参考帕累托原理，即：从 20% 的潜在投资中获得 80% 的收益)。不幸的是，变革的过程安全效益可能不明显，因此管理人员必须作出基于预期风险的明智的评估。

表 7.2　操作行为/操作纪律体系发展的各个阶段

阶　　段	领导和承诺	标准和程序	指　　标
5 持续改进	领导层推动操作行为/操作纪律的实施进程，以实现企业的安全目标； 领导层通过持续不断的沟通提供看得见的无条件的支持； 员工掌握了操作行为/操作纪律过程，并为同事提供指导； 员工相信企业通过操作行为/操作纪律承诺安全	工作组被授权更新标准和程序； 工作组在整个企业内部组织和共享最佳做法	主要使用领先性指标； 为发掘改进机会，选定新的衡量指标； 滞后性指标趋势可验证持续改进
4 管理体系运行到位	领导将安全纳入战略计划，并将安全与经济绩效置于平等的地位； 领导清晰的陈述了目标且目标恒久不变； 主管和经理支持操作行为/操作纪律进程，授予员工权利，组织制定团队目标； 员工在操作行为/操作纪律体系的实施过程中承担领导角色； 员工相信安全是企业的核心价值	建立某个流程，以保证标准和程序为最新版； 员工为他人提供操作行为/操作纪律体系培训	主要使用领先性指标； 滞后性指标可验证操作行为/操作纪律体系的成败
3 实施	领导层为改进安全绩效设定目标； 领导层与一线工人积极沟通安全预期和改进目标； 主管和经理按照计划的时间进度实施操作行为/操作纪律体系的各个要素； 主管承担操作行为/操作纪律的领导角色； 安全承诺是员工招聘的前提条件之一； 识别和解决员工安全问题	为制定、维护、审核标准和程序，规定一个合适的工作流程； 员工参与制定操作行为/操作纪律标准和程序	定义和收集领先性指标，并利用这些指标推动操作行为/操作纪律活动； 衡量现场/设施的操作行为/操作纪律实施进展
2 制定程序	领导积极努力的通过缩小安全管理体系中的差距来提高安全绩效； 领导在与经理、主管和一线工人的会议中，均会讨论安全问题； 在绩效评估期间或事故发生后，安全职责是主要探讨的问题	在所有现场实施统一的标准和程序； 存在一个非成文的流程，用于制定和审核标准和程序； 征求员工对标准和程序的意见和建议	定义和收集领先性指标，并利用这些指标推动操作行为/操作纪律活动； 通过审核来衡量现场/设施的操作行为/操作纪律实施情况

续表

阶　　段	领导和承诺	标准和程序	指　　标
1 培养安全意识	员工相信经营绩效的价值高于安全； 领导对未来安全绩效没有设定具体目标； 领导仅仅解决与事故有关的操作行为/操作纪律问题	主管未始终如一地实施标准和程序——强调结果； 员工依赖主管执行标准和程序	只使用滞后性指标（如伤害/疾病发生率）

　　在认可操作行为/操作纪律体系能带来益处的工作组开展试点应用，并以此引入修订计划。然后，通过与他人分享成功经验，并适当调整成功的方法（必要时）作为其他工作组或现场的跟进模型，来完成 PDCA 循环的闭环管理。

7.6　应用于不同的角色

　　操作行为/操作纪律适用于企业的所有部门和所有层级：管理、操作、技术支持、行政支持和钟点工。短语"操作行为"暗含操作部门将重点参与的意思。但是，其他工作组也可利用相同的原则来实现企业目标。

　　研究和开发（R&D）组必须研发或改编满足客户需求的新产品和新过程。适用于研发组的绩效标准，应主要侧重于其各种工作方法，并应怀有这样的理念：严格应用这些方法将会产生预期的结果。就本质而言，研究包括调查未知事项，但是合理应用操作行为/操作纪律原则能降低员工和财产的安全风险，同时降低实验失败的风险。例如，研发人员必须在开始实验之前计算能量释放，保证安全设备在实验期间正常运行，而且必须严格遵守实验方案。完整的研发也包含明确定义安全运行限值，且安全运行限值将会纳入操作部门的绩效标准中。

　　在操作行为/操作纪律体系的实施过程中，工程部也起到关键作用。当设计、安装或整改设备时，工程部应督促操作部门遵守操作行为/操作纪律要求。即使是最好的操作行为/操作纪律体系也不能弥补设施或设备自身存在的根本性的设计缺陷；因此，工程部应在优化与操作行为/操作纪律有关的设计时征求操作部门的意见和建议。例如，设备的设计和布局应便于清洁和日常维护。合适的标签可以贴在设备上，清晰的操作和维护程序可与设备一同交付。不管是小型整改项目还是大型基建项目，工程建设活动的开展应严格执行操作行为/操作纪律原则，以确保项目按时完成且不超预算，而且在服役期间能达到预期的运行绩效。例如，文件及其修订版本必须受控，必须对最终设计进行安全分析，必须采用最新版本的规范和标准，而且设施和/或设备必须按照规格制造。

除操作部门外，检修部门是最直接受到操作行为/操作纪律影响的部门。操作活动依赖于预防性维修和故障检维修的及时和准确实施。必须做好检修之前的设备准备工作，并在检修完成后重新投用，因此操作部门和检修部门之间的准确沟通是必不可少的。鉴于发生了多起因维修错误导致的计划外装置跳车，所以核工业制定了专门用于检修活动的操作行为/操作纪律版本，简称STAR（停－想－做－查）。

所有部门都参与执行操作行为/操作纪律将强化过程安全绩效、个人卫生/安全、环境责任、质量、生产率和盈利能力。

所有企业可通过简化并严格实施和执行其操作以及其它岗位职责来提高企业的盈利能力。效益来自：

- 更好地协调操作、工程、检修、研发和其他业务职能。
- 更好和更有效地利用员工技能、知识和能力。
- 在不增加成本的条件下提高产量质量。
- 在不增加成本的条件下提高产能。
- 更有效地利用所有资源：人员、资本、资产和技术。

7.7 总结

事实证明，实施和维护一个有效的操作行为/操作纪律体系是改进任何企业绩效的有效办法。随着体系变得更加复杂和失效结果变得更加严重，操作行为/操作纪律体系的重要性也随之增长。正如第2章所述，制造业、航空、医疗和保卫等各行各业，已通过系统化实施操作行为/操作纪律体系，实现了挑战目标并大幅度提高了其绩效。加工行业中的各个企业也证明了操作行为/操作纪律体系在改进企业绩效中所起的重要作用，而且广泛应用这些方法的时机已经成熟。

正如第3章所述，领导团队必须抓住主动权，并且承诺带头实施操作行为/操作纪律体系。正如第5章所述，一个真正全面的操作行为体系包含许多方面，而且会最终影响到每项工作活动。同样，正如第6章所述，对操作纪律的承诺将改善每项作业活动的人员绩效。然而，通往有效的操作行为/操作纪律体系的路径并非坦途，而且不能快速实现－但最终是能够实现的。用于实施组织变更的PDCA循环，也可用于实施操作行为/操作纪律体系。NUMMI经验、以及本书中提到的其他经验，可以启发那些想要利用操作行为/操作纪律体系改善过程安全的人员－相同人员、相同工厂、不同管理人员、令人惊讶的结果差异。

7.8 参考文献

7.1 Shook, John, "How to Change a Culture: Lessons from NUMMI," *MIT Sloan Management Review*, Massachusetts Institute of Technology, Cambridge, Massachusetts, Vol. 51, No. 2, Winter 2010, pp. 63−68.

7.2 Klein, James A., "Operational Discipline in the Workplace," *Process Safety Progress*, American Institute of Chemical Engineers, New York, New York, Vol. 24, Issue 4, December 2005, pp. 228−235.

7.3 Sharpe, Virginia A., "Promoting Patient Safety: An Ethical Basis for Policy Deliberation," *Hastings Center Report Special Supplement*, The Hastings Center, Garrison, New York, Vol. 33, No. 5, September-October 2003, pp. S1−S20.

7.4 Center for Chemical Process Safety of the American Institute of Chemical Engineers, *Guidelines for Process Safety Metrics*, John Wiley & Sons, Inc., Hoboken, New Jersey, 2009.

7.5 U. K. Health and Safety Executive, *Developing Process Safety Indicators: A Step-by-Step Guide for Chemical and Major Hazard Industries*, HSE Books, London, England, 2006.

7.6 U. K. Health and Safety Executive, *A Guide to Measuring Health & Safety Performance*, London, England, December 2001.

7.7 Klein, James A., and Bruce K. Vaughen, "A Revised Program for Operational Discipline," *Process Safety Progress*, American Institute of Chemical Engineers, New York, New York, Vol. 27, Issue 1, March 2008, pp. 58−65.

7.8 Klein, James A., and B. K. Vaughen, "Evaluating and Improving Operational Discipline," Process Plant Safety Symposium, Houston, Texas, April 22−26, 2007.

7.9 补充阅读

• Dekker, Sidney, *Just Culture: Balancing Safety and Accountability*, Ashgate Publishing Company, Burlington, Vermont, 2007.

索　引

A

B

C

D

E

176